计算机前沿技术丛书

Flutter

开发实例解析

王睿 / 著

机械工业出版社

CHINA MACHINE PRESS

Flutter 作为一种新兴的跨端开发技术，其语言和框架都是全新的，并且知识体系比较庞大，学习起来有一定的难度。对于初学者来说，最迫切的愿望就是能够快速上手，将理论知识转化为实际经验，并在不断的实践中扩充完善知识体系。本书旨在帮助 Flutter 初学者实现这一愿望。

本书突出实战的特点，通过精心选取的大量实例项目，手把手带领读者完成多个 Flutter 实际应用开发。按照循序渐进的顺序对这些项目进行介绍，从最初的简单番茄计时器、拟物时钟，到后续的笔记应用、Todo 应用、技术头条应用，逐步带领读者开发出具备地图、定位、网络、数据库、状态管理等功能的复杂应用，最终使读者能够掌握 Flutter 中的中高级开发能力。

本书适合不同层次的移动端开发工程师、前端开发工程师，以及希望快速入门 Flutter 移动端开发的读者阅读学习。

图书在版编目（CIP）数据

Flutter 开发实例解析/王睿著 . — 北京：机械工业出版社，2021.6
（计算机前沿技术丛书）
ISBN 978-7-111-68303-2

Ⅰ . ①F… Ⅱ . ①王… Ⅲ . ①移动终端 – 应用程序 – 程序设计
Ⅳ . ①TN929. 53

中国版本图书馆 CIP 数据核字（2021）第 097473 号

机械工业出版社（北京市百万庄大街22 号　邮政编码100037）
策划编辑：李培培　责任编辑：李培培
责任校对：徐红语　责任印制：郜　敏
2021 年 7 月第 1 版第 1 次印刷
北京汇林印务有限公司印刷
184mm×240mm · 18.25 印张 · 367 千字
标准书号：ISBN 978-7-111-68303-2
定价：119.00 元

电话服务　　　　　　　　网络服务
客服电话：010-88361066　机　工　官　网：www.cmpbook.com
　　　　　010-88379833　机　工　官　博：weibo.com/cmp1952
　　　　　010-68326294　金　书　网：www.golden-book.com
封底无防伪标均为盗版　机工教育服务网：www.cmpedu.com

前 言

PREFACE

移动端开发领域经过多年发展，已经从新兴走向完善。但开发效率不高一直是移动端开发的痛点。其中主要原因在于市面上存在 Android、iOS 两套操作系统，对于同一个应用，需要分别进行开发，造成冗余的工作量。

移动跨端技术是解决这一核心难题的有效手段，也是移动端开发领域中热门的前沿方向。移动跨端技术的核心在于通过跨端框架缩小平台差异，提供一套统一的应用开发框架，并实现"一次编写，处处运行"。

移动跨端技术经过多年的发展，诞生了多种解决方案，其中以 Facebook 推出的 React Native 为代表。但从这几年的实际表现来看，跨端技术并没有在行业实际应用中得到大规模推广，而是仍然停留在尝试、探索阶段。尚不成熟。

Flutter 作为一种新兴的跨端开发技术，充分研究了之前跨端技术难以大规模推广的难点，并通过先进的技术与巧妙的架构设计实现了突破，将移动跨端技术的发展向前推进了一大步。

Flutter 一经推出便获得广泛关注，并迅速走热。 目前，越来越多的应用选择 Flutter 跨端开发，也有越来越多的成功案例证明，采用 Flutter 跨端开发后确实提高了移动端的开发效率，实现了提高人效、降低成本的目标。

Flutter 推出至今只有两年多的时间，在如此短的时间里取得了这么大的成就，未来的发展潜力是巨大的，甚至能为移动端开发行业带来新的变革。

在当前这个时间点学习 Flutter 开发是非常明智的。首先，经过两年多的发展，Flutter 的功能已经日趋完善，其稳定性和开发效率得到了行业的充分认可，业界也有许多成功案例可供参考，消除了人们对这项新技术在可靠性上的顾虑。越来越多的大公司和创业团队选择使用 Flutter 作为核心技术栈。

同时，Flutter 作为一门前沿技术，尚未在行业内全面普及，这意味着存在大量潜在业务场景，适合通过 Flutter 技术进行改进。这为广大从业者提供了展现自己才华的机会。

对于希望快速实现跨端落地的初创团队来说，Flutter 也是一个优选选项。Flutter 技术不仅具备高开发效率，同时能够开发出高性能、高跨端一致性、体验丰富的原生应用。对于初创团队来说，这是一个性价比非常高的解决方案。

Flutter 作为一门全新的技术栈，其语言和框架都是全新的，并且知识体系比较庞大，学习起来有一定的难度。对于初学者来说，最迫切的愿望是能够快速上手，将理论知识转化为实际经验，并在不断的实践中扩充完善知识体系。

本书旨在帮助 Flutter 初学者实现这一愿望。本书突出实战的特点，通过精心编排的大量实例项目，手把手带领读者完成多个 Flutter 实际应用开发。按照循序渐进的顺序对这些项目进行介绍，由浅入深，从最初的简单番茄计时器、拟物时钟，到后续的笔记应用、Todo 应用、技术头条应用，逐步带领读者开发出具备地图、定位、网络、数据库、状态管理等功能的复杂应用，最终使读者能够掌握 Flutter 的中高级开发能力。

章节内容

本书共 8 章，通过多个实例项目带领读者快速入门 Flutter 开发。

第 1 章介绍了移动跨端技术的发展历程，对 Flutter 技术进行了整体的综述，并与同类技术方案进行了对比，最后介绍了如何在不同系统下搭建 Flutter 开发环境。

第 2 章介绍了 Dart 语言语法与 Flutter 的组件化思想，并介绍了 Flutter 项目的工程结构。最后以一个番茄钟实战项目对整章内容进行巩固。

第 3 章通过一个拟物时钟实战项目，带领读者学习 Flutter 自定义视图绘制和动画开发，同时介绍了 Container 等基础布局组件。

第 4 章通过一个轨迹计步器项目，介绍了如何基于 Flutter 开源生态，快速扩展 Flutter 功能，并介绍了地图、计步器传感器、定位 GPS 插件的使用方式，常用的布局组件，以及如何使用 Flutter 进行界面开发。

第 5 章通过一个局域网聊天应用，介绍了如何开发网络应用、如何管理 Flutter 图片资源，并模拟了产品功能迭代的流程，以提高 Flutter 开发的实际经验。

第 6 章通过一个 Markdown 笔记应用，介绍了如何对数据进行持久化、对数据进行 JSON 序列化，以及在 Flutter 中如何对 Markdown 进行输入与展示，并在此基础上介绍了应用架构分层的架构设计思想。

第 7 章通过一个 Todo 应用，介绍了在 Flutter 下数据库的使用方式。 整个项目按照现代化前端架构分层的思想进行设计，实现了单一数据源、单向数据流和响应式布局，具备良好的稳定性和扩展性。

第 8 章通过一个技术头条项目，实现了一个基于 HTTP 的 GitHub 客户端。通过实例介绍了如何进行复杂 Feed 流的开发。

本书特色

书中所选实例均为热门应用类型，且为完整示例项目。 在突出实战性的同时，根据主题将 Flutter 开发的基础知识安排在各个章节中，覆盖了 Flutter 开发中的常用知识，实现了理论与实践相互助益的效果。 通过这些实战，读者能够快速熟悉上手，并能直接应用到工作中。 书中同时也介绍了移动端架构和状态管理等中高级主题。 完成本书学习后，开发者能够具备中高级 Flutter 应用开发水平。

本书适合不同层次的移动端开发工程师、前端开发工程师，以及希望快速入门 Flutter 移动端开发的读者阅读学习。

致 谢

感谢本书的策划编辑李培培老师，在她的指导与鼓励下，我完成了本书的写作。感谢家人对我的支持与鼓励，特别感谢我的妻子，在我写作的这近一年时间里，一直陪伴着我，为家庭付出很多。感谢领导和同事们的帮助，让我每天都在成长和进步。

由于本人技术水平有限，书中难免会有疏漏。欢迎大家批评、指正。反馈邮箱：maxieewong@ gmail. com，勘误信息会发布在作者的个人网站 maxiee. github. io 上。

互动地址

作者新浪微博：@ Maxiee，欢迎共同讨论 Flutter 技术。

QQ 交流群：965765951。

书中实战项目源码，以及实战项目介绍视频下载地址：https://github. com/maxiee/flutter – book – examples。

作者博客地址：https://maxiee. github. io/。

作者 GitHub：https://github. com/maxiee。

CONTENTS 目录

第 3 章　自定义视图和动画——开发精美的拟物时钟　/　50
CHAPTER.3

第 6 章
CHAPTER.6

数据持久化——开发一款支持 Markdown 的
"印象笔记"　/　166

第 7 章
CHAPTER.7

SQLite 数据库——开发一款"奇妙清单"
Todo 应用　/　200

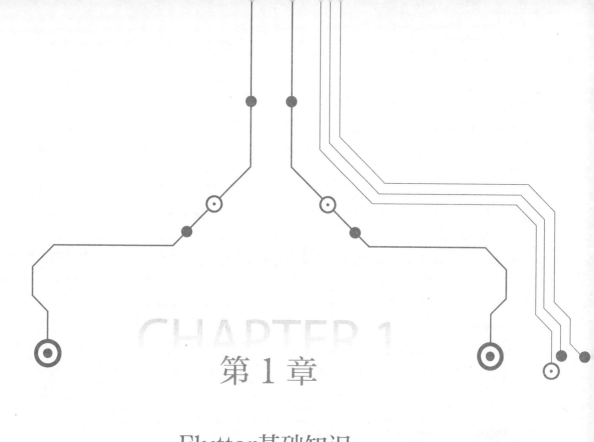

第 1 章

Flutter基础知识

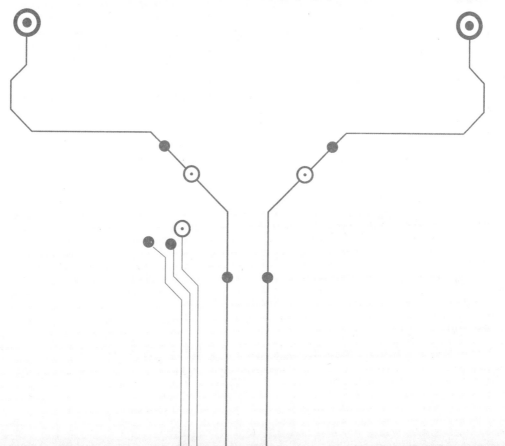

移动跨端技术在移动端领域已有多年发展，跨端技术的难点在哪里？为什么 Flutter 作为一种新兴的跨端开发技术，能够在此领域中迅速走热？Flutter 的技术特点是什么，有哪些优缺点？

这些问题在本章中都会一一解答。在具体实战之前，还是有必要花一点时间对这些基础的问题进行了解的。完成基础知识部分学习，有助于更好地了解 Flutter，从而更好地掌握它，正所谓磨刀不误砍柴工。

同时，本章也会介绍不同操作系统下 Flutter 开发环境的搭建过程。Flutter 开发环境比较灵活，开发者既可以选择 IDE 进行开发，也可以选择 Visual Studio Code 编辑器进行开发，不论选择哪种环境，Flutter 都提供了强大的开发、调试工具链，帮助开发者高效开发。

本章的最后将创建第一个 Flutter 应用，并分别在 Android、iOS 上运行。

对于初次接触移动开发的读者，本章还会介绍移动端开发的一般流程，如移动端应用是如何开发出来的。通过了解流程，读者能够明白为什么要发展移动跨端技术，传统移动开发存在哪些不足。

1.1　移动跨端开发技术

Android 与 iOS 是目前市场上最常见的手机操作系统，它们各自维护了一套技术栈与设计规范，采用完全不兼容的开发技术。因此，如果想开发一款能在两种系统上同时运行的应用，目前最普遍的办法是开发两遍。这会导致代码冗余问题，同时也导致人力成本翻倍。

移动跨端技术旨在解决这一问题，其理想目标是"一次编写，处处运行"，从而实现人效大幅提升，研发人力成本降低的目标。当然，双端无法达到 100% 复用，对于实际应用，能做到大部分代码逻辑复用，少部分代码差异化实现，就能取得上述收益。

在下面的小节中，先介绍原生开发与跨端开发两个概念，之后介绍移动跨端领域的发展历程与难点。

▶▶ 1.1.1　移动端应用开发的一般流程

现实生活中有很多优秀的移动应用，给人们的生活增添了许多色彩。它们是如何被一步步开发出来的？移动互联网经过多年的发展，已形成了一套完整的研发方法论。

一款移动端应用从开发到上线，通常需要经过以下流程。

❶ 构思产品需求

对于一款移动应用，首先要思考该应用能够解决人们生活中的什么问题。发现问题后，再进一步思考如何解决，进而拆解出应用功能。最终确定整体产品形态，以产品文档的形式产出。

② 设计视觉界面

产品文档梳理完成后，需要转化为可在手机上操作的用户界面。设计师通过界面设计，确定应用包含的页面样式，并以设计图、交互图等文档的形式产出。

③ 制定技术方案

有了产品文档和设计文档，接下来进入开发阶段。研发人员根据产品、设计文档构思技术实现方案，其中可进一步拆解为后端技术方案、前端技术方案，并最终以技术方案文档的形式产出。

④ 编程开发实现

确定了技术方案之后，可正式进入编程开发。研发工程师基于技术方案和产品、设计文档，进行分工合作，通过编程实现功能，将原本记录于纸面的产品文档、设计图最终变为可运行的应用程序。移动端开发者在其中主要负责前端移动端部分，后端开发者负责为后端服务开发程序，以及为移动端提供 API 接口。

⑤ 测试回归验收

功能开发完成后，并不意味着功能就可以上线了。由于编程是一项复杂的工作，极易留下疏漏，即通常所说的 bug。对于商业应用来说，bug 是不可接受的，轻则影响用户使用体验，重则给公司业务带来经济损失。

为了确保功能质量，在互联网团队中通常会配备测试团队，会有专业的测试工程师对功能进行测试验收。测试工程师会将测试过程中发现的 bug 提交给研发人员，由后者进行修复，并交回给测试工程师进行再次验收。

⑥ 版本发布上线

当测试验收通过后，说明质量已具备上线要求，接下来会进行发版上线操作。对于移动端来说，则构建出应用的正式版本，将其发布到应用市场。应用发布后，用户便能够通过下载升级，享受到新版本的功能了。

⑦ 版本迭代更新

在实际开发中，通常会采取迭代开发的方式，即对应用的功能进行拆解，安排到一系列版本中，每个版本根据优先级开发一部分功能。

迭代开发是目前互联网产品常用的开发方式，通过迭代开发，产品能够尽快上线，抢占市场先机。同时也能够针对功能的有效性进行快速试错。

迭代过程如同"滚雪球"一般，很多移动互联网的商业神话就是从一个功能尚不完善的"小雪球"，逐步变大、变强，最终走向成功。

快速试错对于互联网产品是非常重要的，通常采用最小化可行产品（Minimum Viable Product，MVP）的思想，先以最低的成本快速上线一个功能，观察上线后用户的反馈效果，如果效果与预期一致，则通过后续版本持续完善。而如果未达到预期，说明方案有问题，需要重新思考产品需求。

▶▶ 1.1.2 原生开发与跨端开发

在移动端跨端领域经常见到原生开发与跨端开发这两个概念，对于没有移动端开发经验的学习者来说有些陌生。在本节中介绍原生开发与跨端开发的概念、特点。

❶ 原生开发

原生开发指使用 Android、iOS 原生技术栈进行移动端应用开发。移动端设备属于移动嵌入式设备，最大的制约因素是电池和运算性能，由于电池容量是固定的，同时功率也限制了性能，在软硬件设计上都围绕省电进行。

因此，对于 Android、iOS 系统而言，传统 Linux 系统的进程调度、电源管理是无法满足的，必须要进行更细粒度划分。于是在 Android 中拆分出四大组件、建立生命周期概念，采用多种省电策略，比如应用切后台后会被系统挂起等。这些概念和框架的引入导致开发变得复杂，提高了入门难度。

Android 系统由 Google 公司推出，是一款基于 Linux 内核的开源手机操作系统。在 Android 系统上，应用开发者使用 Java、Kotlin 语言进行应用开发，两者都运行在 JVM 虚拟机中，开发工具使用 Android Studio。Android Framework 提供了一系列 Java 框架与概念，比如著名的四大组件，Activity 负责界面，Service 负责后台逻辑，BroadcastReceiver 负责事件广播，Content Provider 负责数据共享。开发者基于这些 API 进行应用开发，整体架构如图 1-1 所示。

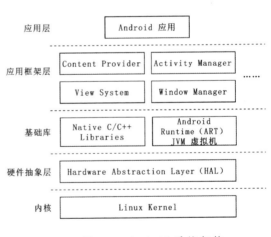

● 图 1-1　Android 系统架构

iOS 由苹果公司推出，是一款基于 Darwin 内核的闭源手机操作系统，仅用于苹果品牌的移动设备。iOS 使用 Objective-C、Swift 语言进行应用开发，开发工具为 XCode，仅能在 macOS 下运行。iOS 的整体架构与 Android 差异很大，定义了另一套概念体系，整体架构如图 1-2 所示。

通过对比可以看出，Android 与 iOS
两个系统的内核、系统组件、开发语言及
开发环境均完全不同。对于传统移动端团
队而言，通常由 Android 开发团队和 iOS
开发团队组成，对同一个应用需要开发
两遍。

重复开发的弊端前文已提到，会降低
效率，并造成人力成本倍增。其实问题不
仅如此，从编程角度来看，一个功能由不
同的人开发两遍，由于各自对需求理解不
同，以及两个平台的差异性，会导致最终
实现出现不一致的问题。这是实际工作中
一个比较棘手的问题，许多 bug 都滋生于此，甚至造成线上问题。

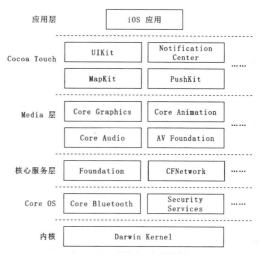

● 图 1-2　iOS 系统架构

由此可见，传统原生开发存在低效、重复劳动及人力消耗问题。但在可靠的跨端技术出现
之前，没有别的路可走，只能不得已而为之。

❷ 跨端开发

跨端开发指用一套技术栈抹平不同系统之间的差异，基于跨端框架，开发者可以实现一套
代码在不同系统上运行。

跨端开发并非全新概念，其历史非常悠久。如著名的桌面程序开发框架 Qt，1.0 版本发布
于 1995 年。通过 Qt 能够实现程序在 Windows、macOS、Linux 下多端运行。

Qt 的架构设计思想是首先设计一套独立于操作系统的上层框架 Qt Framework，其中包含了
Qt 的各个核心模块，如 QApplication、QWidget、QThread 等。这些模块都是操作系统无关的，
Qt 的 UI 层选择独立绘制，没有使用操作系统提供的控件库。这种设计思想具备良好的可移植
性，各种操作系统只需要提供底层能力进行适配即可。Qt 的整体架构如图 1-3 所示。

需要强调的是，与上一节中给出的操作系统架构图不同，跨端框架运行在操作系统之上。

Qt 取得了巨大的成功，至今已发展成为一套完善、成熟的桌面跨端技术方案，成为跨端
开发框架典范。

除了 Qt 之外，Web 技术也是一种跨端技术。不论使用哪种操作系统，只要安装浏览器就
能够访问网站。一个基于 Webkit 内核的浏览器的架构如图 1-4 所示。

浏览器架构与 Qt 存在一定的相似性，都是通过封装一套统一框架，在框架之上运行应用。
但 Qt 应用通过 C++ 开发，用户需要先安装软件才能使用，而浏览器使用 Web 技术开发，即
HTML、CSS 和 JavaScript，它们都具备动态性，可以随网络下发运行，用户只要输入一个网址

就能访问网站，强大的动态性促成了互联网时代的繁荣。

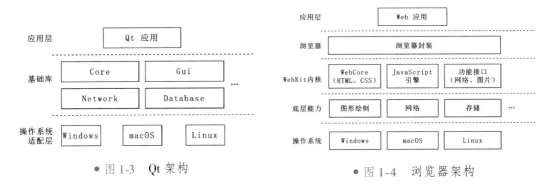

● 图 1-3 Qt 架构   ● 图 1-4 浏览器架构

▶▶ 1.1.3 移动跨端开发技术的发展历程

随着移动互联网时代的到来，Android 和 iOS 成为市场上最流行的两种操作系统，在前文中讲到，由于两种系统采用不同的开发技术，开发成本较高，因此出现了移动端跨端开发这一技术领域，并诞生了多种跨端方案。

❶ 基于网页的跨端方案

Android 和 iOS 均提供 WebView 容器，它允许在应用内嵌网页。浏览器本身是一种非常优秀的跨端方案，因此移动应用通过使用 WebView 便能够具备跨端能力。

这种移动跨端方案是最早采用，也是目前最广泛采用的一种方案，绝大多数移动应用都会集成这一能力。由前端开发者进行网页开发，移动端通过 WebView 展示。由于前端开发本身效率高于原生，并且双端只需开发一遍，因此大大降低了研发成本。

这是不是意味着，只要 Android、iOS 两端提供一个 WebView 壳，整个应用都是用前端网页开发，就完全解决跨端问题了？答案并不全是，这种方案的主要限制在于性能与体验。

浏览器的执行效率是远低于原生应用的，尤其在性能较低的手机上，这导致一些复杂的交互效果不够流畅，或出现卡顿掉帧的情况。同时，由于浏览器是一个沙箱环境，无法访问到所有系统原生能力，因此一些与系统深度交互的功能是难以实现的。还有一点，打开网页需要联网，存在加载等待时间，无法像原生页面那样立刻展示视图。

如果想打造一款效果丰富、体验流畅的移动应用，通过网页套壳方案往往无法满足，此时需要原生实现。但是如果是开发一些对体验要求不高的应用，如商务流程表单类应用，这个方案是比较适用的。

在实际的移动应用开发中，通常采用两者混合的方式，对交互复杂、体验要求高的页面使用原生开发，对一些对体验要求不高的页面使用网页开发，在体验与成本之间实现一个平衡。

同时，由于网页天生的动态性，对于一些经常发生变动的页面，比如活动运营页也通常选用网页方案进行实现。

❷ React Native

React Native 是一款由 Facebook 推出的著名移动跨端方案，与 Flutter 一样，也是目前最热门的方案之一。React Native 的特点是以前端的开发方式开发移动端，它基于前端 React 框架，用 JavaScript 或 TypeScript 语言进行开发，最终渲染成原生移动端组件进行展示。

与网页方案对比，同样是前端开发，React Native 不依赖浏览器，而是桥接到原生渲染，因此执行效率大大提升。同时它也允许通过 NativeModule 方式将系统原生能力导入到 React Native 中，还允许通过 UIManager 的方式将原生的视图进行包装，导入 React Native 中使用。

React Native 一经推出迅速走热，成为最近几年移动端跨端的主流方案。通过多年发展，React Native 不断完善，形成了庞大的开源社区，拥有众多高质量开源库，成为一套完备的跨端解决方案。

React Native 采用 JavaScript 语言，在 iOS 上使用系统内置的 JavaScriptCore 引擎，在 Android 上由于系统没有内置 JavaScript 引擎，因此 React Native 会在应用包中自带一个 JavaScriptCore，这会导致 Android 安装包变大的问题。

虽然 React Native 性能较网页方案有很大提升，但运行效率仍低于原生开发。首先 JavaScript 是一门脚本语言，执行效率比原生慢，同时从 JavaScript 桥接原生也存在性能开销。另外 JavaScript 引擎运行也需要占用内存，因此 React Native 应用的内存开销也要高于原生。

值得一提的是，React Native 目前也处在快速发展中，并且吸引了微软等巨头参与。针对上面提到的缺点，React Native 新版本完成了多项改进，比如换用自研的 Hermes 引擎提升运行效率、降低内存，以及正在进行中的新架构重构，包含多项重大改进（如 JSI 对象映射机制、Fabric 视图层重构，以及 TurboModule 更加高效且可同步、可异步的原生能力调用）。

▶▶ 1.1.4 跨端技术难点

经过前面的介绍与对比，可以总结出跨端方法存在以下技术难点。

❶ 双端一致性

一套代码在多端得到一致的展示效果是跨端方案的基本要求。基于网页的方案通过成熟的浏览器技术，能够保证较好的一致性。

对于渲染到原生视图的方案来说，难以做到完美的一致性。原因在于这些方案最终渲染出来的还是 Android、iOS 的原生视图，由于双端原生视图的实现原理不同，因此总有一些细微之处是难以对齐的。加上 Android、iOS 系统会不断升级，原生视图的代码实现也会有变动，需要额外的工作量进行对齐。

② 运行效率

运行效率也是跨端方案的一个重要考量因素。基于网页的跨端方案由于效率不够高，无法用在注重使用体验的核心页面上。React Native 这类框架舍弃了浏览器，仅保留 JavaScript 引擎并渲染到原生，相较于网页跨端运行效率大大提高。但是因为 JavaScript 是脚本语言，本身运行效率低于原生，加之从 JavaScript 渲染到原生需要进行桥接，在 Android 上需要经历从 JavaScript 到 C，再通过 JNI 到 Java 的连续跨层，存在一定的性能开销，因此运行效率还是大幅慢于原生。

③ 开发效率

许多人会将运行效率与开发效率混淆，两者实则是不同的概念。运行效率高指的是这个框架"跑得快"，从而能够胜任更多复杂页面。开发效率高指的是"开发速度快"，决定了研发效率的高低。

众所周知，不论 Android 还是 iOS 原生开发的效率都是比较低的。引入一套新的跨端框架，开发效率就一定比原生开发要高吗？答案是不一定。

首先，跨端框架能够以一套代码在多端执行，从而避免开发两遍，从这一点上来看，开发效率一定是提升的。

但还有一个问题，跨端方案同时也带来了其独有的开发方式。对于一个跨端框架来说，如何保证新的开发方式比原生开发效率要高，这也是一个重要问题。

开发效率体现在多个方面，在开发阶段包括开发框架的易用度、开发语言的学习曲线；在调试阶段包括调试工具链的完善程度；在构建阶段包括应用打包构建的难度、与原生工程结合的难度。除此之外，开源生态及开发社区的完善度都对开发效率有影响。

回顾成功的跨端框架，它们都是具备了极高的开发效率。Web 开发使用的 CSS/HTML/JavaScript，俗称"三剑客"，开发效率极高。React Native 则基于 React 框架，同时复用部分 Web 技术，也实现了较高的开发效率。

④ 原生能力导出

对于跨端框架来说，如何对两个系统能力做整合也是一个难点。Android 和 iOS 两个系统的原理有差异性，同一种原生能力在两端有着不同的实现。因此跨端框架需要提供一种机制，能够分别对两端进行封装，并向上提供一套统一的接口。

对于网页跨端来说，通常使用 JSBridge 的方式进行导出，功能较弱。React Native 通过 NativeModule/TurboModule 的方式，导出的能力更加强大，并且能够以库的形式复用，在 React Native 庞大的开源生态中，提供了多种多样的扩展库，供开发者快速接入。

⑤ 动态性

原生开发采用应用商店发版升级的模式，必须经过应用商店审核、用户下载的发布流程，导致无法随时更新。这一点比 Web 发版要慢很多，Web 可以实现随时发版，用户再次打开网址即可访问新版本网页。

网页跨端方案为原生开发带来了动态性，在业界流行的开发实践中，通常将应用中如运营活动这种频繁变更的页面用网页实现，保证营销活动快速上线。React Native 也支持动态化，它的构建产物是 JavaScript Bundle，可以实现 Bundle 联网更新，从而实现动态化。

动态化其实并不是跨端方案必须支持的特性，但是由于网页跨端和 React Native 等主流方案都支持动态化，并且动态化是移动开发中的一个核心痛点，因此在移动跨端领域一般也将动态性作为考量的一个方面。

❻ 包体积

用户对应用的安装包体积也是比较敏感的。如果安装包较小，用户在使用流量上网时也更愿意下载安装，从而有利于积累用户。同时，用户的手机容量往往有限，当手机空间出现不足时，用户通常会删除那些占用空间较大的应用，一旦删除很可能会流失此用户。

对于网页跨端方案来说，由于 WebView 在 Android、iOS 中都是系统自带控件，并且内容动态下发不会增加安装包体积。对于 React Native，在 iOS 下复用系统的 JavaScriptCore 引擎，因此安装包不会有明显增大，但在 Android 上需要将引擎内置到安装包中，会导致包体积增大。React Native 新版本中换用了 Hermes 引擎，这个问题得到了一定的缓解。

1.2 Flutter 技术

前面小节中介绍了业界比较流行的跨端框架，以及跨端技术的实现难点。Flutter 一经推出，由于它在技术上的突破性，迅速在跨端领域脱颖而出，并在短时间内成为技术热点。本节将对 Flutter 技术进行整体介绍。

▶▶ 1.2.1 Flutter 技术简介

Flutter 是由 Google 公司研发的一种跨端开发技术，其最初目的是用于 Google 内部正在研发的一款新操作系统 Fuchsia，Flutter 是作为这个新系统的 UI 框架。2017 年在 Google I/O 大会上，Flutter 框架作为一种能够开发 Android、iOS 应用的跨端框架正式对外公布。2018 年 Flutter1.0 正式推出，标志其功能走向稳定。

Flutter 在跨端技术的多个难点问题上都有突破，它的优势具体可以梳理为以下几个方面。

❶ 像素级别的双端一致性

Flutter 自带 Skia 图形绘制引擎，采用自绘制方式，不论在 Android 还是 iOS 上，Flutter 应用的渲染都不是系统原生，都统一用 Flutter 的 Skia 引擎进行绘制。因此两端渲染过程是完全一致的，能够实现像素级别双端一致性。

双端一致性是跨端框架中的难点问题，在 Flutter 中通过自绘制的方式得到完美解决，不仅 UI 实现了一致展示，动画、动效等都能达到像素级别的双端一致性。

❷ 接近原生的执行效率

跨端框架的运行效率通常低于原生，而 Flutter 针对这一难题实现了突破，达到了接近原生的执行效率，远远超出同类框架。

首先在编程语言上，Flutter 采用 Dart 语言，这是一种非常先进的编程语言，支持多种编译方式，既能够以 JIT 方式编译，也能够以 AOT 方式编译。其中 JIT 用于开发阶段，像 JavaScript 一样动态执行，虽然运行效率低，但可以热重载（Hot Reload）。Release 模式使用 AOT，它能将 Dart 代码编译为平台原生代码，运行时无须再通过解释器解释，因此执行效率远高于 JavaScript，接近原生。

第二点在绘制引擎上，Flutter 采用集成 Skia 引擎自渲染，实现了从执行到渲染的闭环，没有跨层带来的性能损耗。所谓跨层，以 React Native 框架为例，在 React Native 中进行 UI 渲染，需要通过 JS Bridge 将绘制任务从 JavaScript 引擎中，经由 C/C++ 层转移到 Objective-C/Java 层，这会导致一定的性能开销。而对于 Android 来说，从 C/C++ 层转移到 Java 层又涉及 JNI 调用，会带来额外的性能开销。由于 Flutter 绘制没有跨层，保障了从执行到渲染都在底层高效率完成，没有额外的性能损失。综合以上几点，Flutter 实现了接近原生的执行效率。

❸ 高度双端代码复用

对于跨端框架来说，代码复用率是一个核心考量指标，毕竟跨端的目的就在于此。跨端应用代码可以分为三部分：业务逻辑代码、UI 视图代码，以及两端差异化适配代码。

在 React Native 中，由于基于 JavaScript 引擎和 React 生态进行应用开发，能够实现业务逻辑的完全复用。但 React Native 的底层视图层是基于两端原生视图进行封装导出，严格来说这只是做到了接口复用，并没有实现底层视图代码的复用。

在 Flutter 中，由于采用自渲染方案，两端从运行时环境到底层渲染都完全一致，因此可以实现最大化的双端复用。在实际工作中，基本 90% 的代码能够实现双端复用，剩下的 10% 即两端差异化适配代码。

❹ 更高的开发效率

Flutter 带来了一套全新的开发模式，这套开发模式非常优秀，因此带来了远高于原生开发的开发效率，主要体现在以下几个方面。

Flutter 选用 Dart 语言进行开发，Dart 语言是一门容易上手、功能强大的语言。容易上手体现在其语法与 Java、JavaScript 非常相似，开发者只要熟悉其中一种语言就能够快速上手。同时 Dart 是一门强类型语言，这对于开发大型商业应用来说是必需的。Dart 也是一门功能强大的编程语言，不论是函数式编程、OOP 编程、还是泛型、异步，都能够非常好的支持。从语言层面，不论是简单功能还是复杂功能，使用 Dart 开发都能实现较高的开发效率。

Flutter 借鉴 React 设计了一套自己的组件式框架。组件式框架是前端开发效率高于传统原生的一个重要因素。同时 Flutter 提供了大量功能、布局组件，开发者可以快速实现 UI 布局，同时基于组件式设计让应用具备较好的架构分层。

传统开发效率之所以低，大部分时间都浪费在了编译上。尤其是在 UI 开发中，有时不得不反复编译应用调试效果，每次编译耗费的时间少则几分钟，多则十几分钟。Flutter 在开发阶段使用 JIT 模式编译 Dart 代码，通过 Hot Reload 特性，代码更改可以直接应用到设备中，实现"亚秒级"的效果实时展示，大幅提高了开发效率。

⑤ 跨端动画效果

移动应用强调用户体验，其中动画效果起到很大作用，动画为用户带来了赏心悦目、流畅的操作体验。跨端框架的动画开发效率和运行效率在开发初期容易被忽视，但实际是十分重要的衡量因素。

动画对性能有比较高的要求，尤其是复杂动画，需要以 60 帧甚至更高的帧率运行才能保证流畅效果。网页跨端方案运行在 WebView 中，由于执行效率低，复杂动效的体验不佳。React Native 有多套动画框架，有的采用纯 JavaScript 实现，因此执行效率也较低，有的采用桥接到原生实现，同样存在从 JavaScript 桥接到原生的性能折损，同时由于实现更加复杂，会降低开发效率。

动画的开发效率取决于动画框架，在原生开发中系统提供的动画框架易用度不高，开发成本较高。因此原生开发诞生了许多优秀的第三方开源库，简化了动画实现的开发成本，但由于两端的动画底层框架不统一，在实现双端对齐时仍需要一定的开发成本。

Flutter 由于自建绘制引擎，在动画的性能上有先天优势，能够实现接近原生的执行效率，这是超越同类跨端框架的。

在开发效率上，Flutter 提供了一套功能强大、简单易用的动画框架，能够方便地实现各种动画效果。同时 Flutter 的动画效果也是双端像素级别对齐的，实现了真正的动画代码双端复用。

⑥ 先进的应用架构理念

前端领域经过近年的快速发展，在应用架构理念上诞生了许多新的最佳实践，比如组件式框架和全局状态管理器等，原生开发相比之下处于落后阶段。应用架构模式决定了复杂项目的业务分层和职责划分，好的架构能够保障业务代码健康有序地增长，提高可维护性。

对于一个复杂的商业项目，后期的开发效率不仅取决于技术选型，更多地取决于架构设计的合理性。早期的架构设计不合理造成的技术债务，会影响到后期的功能开发。

Flutter 虽然没有直接采用前端 JavaScript 生态，但它在设计中大量借鉴了前端架构理念，不论是组件化框架还是全局状态管理器均有 Dart 下的实现。前端流行的架构模式在 Flutter 下均有对应实现，同时 Flutter 开源生态中也发展出了带有 Flutter 特色的新架构模式。通过这些架构模式，Flutter 具备开发复杂的商业项目的架构基础。

⑦ 未来发展潜力巨大

从 2018 年正式推出至今，仅两年多时间 Flutter 就获得了如此大的发展与关注，从客观说明了 Flutter 技术极具潜力。

创新性的技术选型，以及对跨端技术难点问题带来的突破性改进使 Flutter 成为移动跨端领域的佼佼者，越来越多的应用基于 Flutter 开发，越来越多的互联网巨头投入到 Flutter 的发展中。

Flutter 的技术特点使其跨端能力极强，不仅能够跨移动端，也能够运行在 Web 端及桌面平台。更广泛的跨端能力是 Flutter 当下发展的重点。在 Google 的规划中，Flutter 已不仅是一个移动端跨端框架，而是要成为一个跨 Web、桌面、移动端的全覆盖跨端框架。

对于读者来说，学习 Flutter 是一项非常值得的投资，通过学习 Flutter，不仅能够具备出色的跨端开发能力，在未来随着全覆盖跨端的完善，直接获得了全平台开发能力，投入回报非常高。

同时，Flutter 还是 Google 下一代操作系统 Fuchsia 的 UI 框架，虽然这个系统目前仍处于试验阶段，未来是否能够成功还是一个未知数。假设 Fuchsia 未来有一天替代了 Android 系统，此时对 Flutter 的学习投入就更加有价值，让自己先人一步，掌握先机。

▶▶ 1.2.2　Flutter 整体架构

前文对 Flutter 进行了整体介绍，相信读者对 Flutter 的 Skia 自渲染、组件式框架，以及这些技术所带来的优势有了初步的了解。但是这些技术是如何组织到一起，如何共同支撑起 Flutter 的功能？本小节通过介绍 Flutter 整体架构，对这些问题进行解答。

Flutter 整体架构可以分为 3 层，从上到下分别是框架层（Framework）、引擎层（Engine），以及嵌入层（Embedder），如图 1-5 所示。

下面按照自底向上的方式，对各层进行介绍。

❶ 嵌入层

Flutter 是一个跨端框架，Flutter 将适配一个操作系统所需的原生能力抽象出来作为嵌入层。因此在任何一个操作系统上，只要实现嵌入层接口，就实现了 Flutter 在这个平台上的跨端能力。

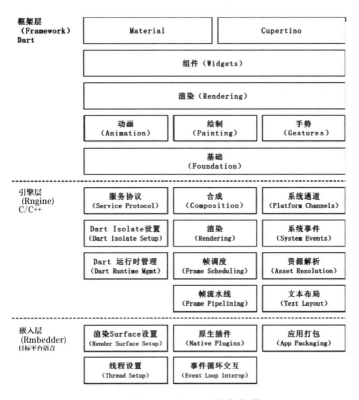

● 图 1-5　Flutter 整体架构

　　原生系统需要向 Flutter 提供一个 Surface 视图用于 UI 展示，Flutter 会像"放电影"一样将 Flutter 应用的 UI 投射到这个视图上。原生系统还需要处理用户的输入手势，并转为 Flutter 手势格式传给 Flutter。除此之外，原生系统还要为 Flutter 准备好其所需的线程和消息队列，以及一些原生能力的封装与导出。

　　嵌入层的实现语言与平台相关，例如，在 Android 上使用 Java 和 C++ 完成适配，在 iOS 上使用 Objective-C／Objective-C++ 完成适配。

　　❷ 引擎层

　　引擎层顾名思义，它驱动了 Flutter 应用的执行，是 Flutter 的核心，由 C/C++ 实现。引擎层中包含了 Dart 运行时和 Skia 底层绘制库，分别用于执行 Dart 代码、底层布局、文本等绘制工作。

　　引擎层负责帧调度及 UI 的底层绘制工作。它提供了 Flutter 核心 API 的底层实现，包括图形绘制（通过 Skia 引擎）、文本布局、文件和网络 I/O、可访问性支持、插件架构，以及 Dart 运行时和编译工具链。

这些能力运行在嵌入层提供的能力之上，使用 C++ 进行实现，最终被包装为 Dart 库供上层调用，如 dart:ui 库。

❸ 框架层

框架层实现了 Flutter 的应用层框架，前文中说到的 Flutter 组件化框架、动画框架、UI 组件库等均位于这一层。这一层的代码均使用 Dart 语言开发，开发者日常与 Flutter 打交道的也是这一层。

在这一层中，自底向上又可细分为一系列内部层次。

首先是 Foundation 定义了 Flutter 应用框架中最基础的类，比如 AbstractNode 抽象节点、ChangeNotifier 通知监听器、组件标识 Key 等。这些类是支撑 Flutter 应用框架功能的基础。

往上一层包含三部分内容，分别是动画、绘制与手势，它们提供了 Flutter 的 UI 基础。

基于 UI 基础来到了 Rendering 渲染层，它提供了布局能力，并定义了 RenderObject 树的概念，通过这套机制可以确定 UI 组件在界面中的位置、大小，以及如何绘制。

渲染层之上是组件层，它为 Flutter 带来了组件化的开发模式。在 Flutter 开发中，"一切皆组件"都是基于这一层所定义的组件框架实现。Flutter 中的组件采用响应式编程的开发模式，也是在这一层中实现的。

基于组件的概念，Flutter 提供了大量现成的组件供开发者使用，这些组件提供了方方面面的功能，大大提高了开发者的开发效率。其中，包含了大量 UI 组件，这些 UI 组件整体可分为两个组件库 Material 和 Cupertino，分别对应 Android 和 iOS 的设计风格。开发者在进行 UI 开发时，可根据自己应用的设计风格，选择使用相应组件库中的 UI 组件。

▶▶ 1.2.3　Flutter 与同类方案对比

在完成了对 Flutter 框架的介绍后，本小节再对 Flutter 与已有跨端框架进行横向对比，相信通过对比，读者能够对 Flutter 的技术特点有更加深入的理解。

❶ Flutter 与基于 WebView 方案对比

基于 WebView 方案包括网页跨端与小程序等方案。由于 WebView 执行效率较低，因此自建引擎的 Flutter 在执行效率上大幅领先这一类方案，且接近于原生效率。

在双端代码复用方面，WebView 方案基于 HTML/CSS/JavaScript 三剑客，或者基于这三者实现的优化方案，能够实现双端高度代码复用。Flutter 基于自身 Flutter 应用框架，也能够实现高度代码复用。因此在这一点上，两者不相上下。

在开发效率方面，WebView 方案基于前端开发生态，具备较高的开发效率。Flutter 应用框架借鉴自前端，因此同样也具备较高的开发效率，因此也是不相上下。

从原生能力导出方面，WebView 方案的 JSBridge 方式要相对弱一些，Flutter 基于 Channel

机制建立 Plugin 生态，有大量开源 Plugin 封装了各种原生能力可直接复用，因此 Flutter 在原生能力集成方面更为优异。

从动态性方面，WebView 方案是目前动态性最好的方案，Flutter 则默认不支持动态性，从这一点上 WebView 方案胜出。

整体来说，Flutter 的性能远高于 WebView 方案，因此能够胜任更多对性能体验有要求的场景。同时 Flutter 的原生扩展生态更为强大，基于原生生态能够更好地开发出原生体验的应用。但对于强调动态化的场景，则 WebView 方案是更好的选择。

❷ Flutter 与基于原生导出方案对比

原生导出方案包括 React Native、Weex 等，是最终通过平台原生能力进行渲染的方案。

这类方案通常会选用 JavaScript 引擎进行动态脚本解析，JavaScript 脚本的执行效率低于原生，同时由于需要桥接到原生进行渲染，存在通信成本，因此整体运行效率也远远低于 Flutter。

这类框架还存在一个架构难题，即跨端一致性。由于是对双端的原生视图组件进行封装，实现接口层复用，而双端视图组件的一些实现细节是难以对齐的，因此如何实现高度一致是这类框架的一个难点。自渲染的 Flutter 引擎天生不存在这一问题，能够实现像素级的多端一致。

在开发效率方面，React Native 基于 React 框架，Flutter 框架也是大量借鉴了 React，因此在开发效率方面两者基本是一致的。

在动态性方面，React Native 框架基于 JavaScript 引擎，可以实现动态化。Flutter 底层是支持动态化的，但 Google 并没有将这个能力开放出来。在这一点上 React Native 更为突出。

从整体来说，Flutter 的性能依旧高于原生导出方案，并且最大的优势在于先天的多端一致性，这是原生导出方案难以完美解决的。因此，如果不考虑动态性，Flutter 会是更好的方案。

值得一提的是，React Native 也是目前主流的跨端方案之一，经过多年发展，虽然在多端一致性方面难以实现完美，但也能够保证高度一致。同时 React Native 完全基于前端生态，前端生态是整个大前端领域中最有活力的，大量新技术层出不穷。同时由于基于 Web 技术栈，也能够与 Web 开发技能进行较好的迁移复用。因此目前 React Native 依旧吸引了大量开发者。

由此也可看出，Flutter 为跨端开发领域带来了新的可能性，因此引发了一轮热潮，而已有老牌框架依旧焕发着生机，移动跨端领域呈现出百花齐放的状态。这表明了移动跨端领域的勃勃生机，不断向生产力更高的方向快速发展。

1.3 如何安装 Flutter SDK

进行 Flutter 开发首先需要安装 Flutter SDK，SDK 中包含了 Flutter 开发所需的工具链。Flutter SDK 可从官网进行下载，是一个 zip 压缩包，其官方下载地址为 https://flutter.dev/docs/get-started/install。Flutter SDK 支持多种平台（Windows、macOS、Linux），开发者根据自己所使用的系统下载对应 SDK 即可。

不同系统能够构建出的应用类型是不同的，比如 Windows 只能构建 Android 应用，无法构建 iOS 应用，macOS 系统 Android 和 iOS 应用都能构建。因此如果要开发跨端应用，建议使用 macOS 系统。

下面将分别介绍 Flutter SDK 在 Windows、macOS、Linux 下的安装方式。

❶ Windows 下安装 Flutter SDK

首先下载 Windows 平台 Flutter SDK 的压缩包，可解压缩到任意目录下，比如 D:\develop\flutter。

Flutter SDK 中有一个 bin 目录，里面包含了工具链的可执行文件，对于开发者来说，其中最为重要的是 flutter 命令，它是 Flutter 的脚手架命令，不论是创建工程还是构建打包，都要通过这个命令进行。

SDK 解压完成后，直接在命令行中输入 flutter 命令，系统是无法找到它的。要让系统能够识别 flutter 命令，需要配置 PATH 变量。具体配置方法以 Windows 10 为例，单击屏幕左下角的"开始菜单"或"搜索"按钮，输入 env，出现如图 1-6 所示界面，选择"编辑系统环境变量"选项。

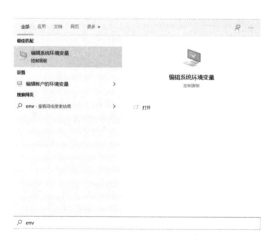

● 图 1-6　搜索 env 单击"编辑系统环境变量"

在弹出的"系统属性"窗口中单击"环境变量"按钮，如图 1-7 所示。

此时会弹出一个"环境变量"窗口，该窗口分为两部分"用户变量"和"系统变量"，在这两部分中均包含一个 Path 变量，如图 1-8 所示。

- 图 1-7　"系统属性"窗口中单击"环境变量"　　● 图 1-8　"环境变量"窗口

　　两个 Path 中选择任意一个,单击与其对应的"编辑"按钮,会弹出一个"编辑环境变量"窗口,填入 SDK 解压缩路径下的 bin 目录地址,如图 1-9 所示。

　　添加完成后需验证是否添加成功。打开 PowerShell,输入 flutter --version,如果添加成功,flutter 命令将会返回当前 Flutter SDK 版本,如图 1-10 所示。

　　如果调用成功,可输入 flutter doctor 命令,这是 flutter 的自诊断命令,它能够检测 Flutter SDK、Android SDK、iOS SDK(macOS 下)是否安装正确。

- 图 1-9　在"编辑环境变量"添加 SDK 的目录　● 图 1-10　在 PowerShell 中调用 flutter 命令

② **macOS 下安装 Flutter SDK**

下载 macOS 对应的压缩包，同样根据喜好解压到相应目录。

将 SDK 的 bin 目录添加到 PATH 中。在 macOS 下，根据所使用的 Shell 不同，终端的配置文件也不同。如果使用 Bash，对应的配置文件为 ~/.bashrc 或者 ~/.bash_profile；如果使用 ZSH，对应的配置文件为 ~/.zshrc。用编辑器打开配置文件，输入下面的代码：

```
export PATH =" $PATH:{SDK 路径}/bin"
```

其中，将 "{SDK 路径}" 替换为解压路径。之后使用 source 命令或者重启终端更新配置，输入 flutter --version，如果配置成功，则能够返回 Flutter SDK 的版本号。在 macOS 下同样使用 flutter doctor 命令检测环境配置情况。

③ **Linux 下安装 Flutter SDK**

在 Linux 下存在两种安装方式，如果是使用支持 snapd 的发行版（如 Ubuntu），则可以通过 snap 方式直接安装：

```
sudo snap install flutter --classic
```

第二种方式是下载 Linux 平台下的 SDK 压缩包解压后配置 PATH 变量，其配置方式与 macOS 下完全相同，这里不再赘述。

配置完成后，同样重启终端，输入 flutter --version 检测是否安装成功。之后可以通过 flutter doctor 随时检测 Flutter 环境的配置状态。

④ **安装 Android 和 iOS SDK**

在对应的系统安装完成 Flutter SDK 后，如果开发 Android 应用，则还要安装 Android SDK，如果安装 iOS 应用则需要安装 iOS SDK。

（1）安装 Android SDK

对于 Android SDK，建议直接安装 Android Studio。Android Studio 是由 Google 推出的官方 Android 开发 IDE，它是一个功能强大的 IDE，除此之外还包含 Android 不同版本 SDK 的下载与管理功能，以及 Android 虚拟机。

建议安装 Android Studio 的另一个原因是，Android Studio 通过安装 Flutter 插件能够进行 Flutter 开发，变成了一个强大的 Flutter IDE，在大型项目开发、重构方面功能更加强大。

关于 Android Studio 和 Android SDK 的安装配置方式，具体参见 1.4.1 小节。

（2）安装 iOS SDK

开发 iOS 应用需要安装 iOS SDK，在 AppStore 中安装 XCode 即可，具体可参考苹果的官方文档。XCode 中同样带有 iOS 虚拟机，是平时开发时经常使用的工具。需要指出的是，iOS 应用在 iPhone 真机上运行需要一些额外配置，需要使用开发者账户或免费的 Apple ID 通过验证后才能运行，具体可查阅 iOS 真机调试相关资料。

1.4 配置 Flutter 开发环境

Flutter SDK 配置完成后，还需要配置编程环境，在 Flutter 中可选择多种编程环境，比如功能强大的 Android Studio IDE，以及轻量快速的 Visual Studio Code 编辑器。除此之外，还有在线 Flutter 编辑器，可以随时进行编程练习，非常方便。下面将分别进行介绍。

▶▶ 1.4.1 使用 Android Studio 进行 Flutter 开发

Android Studio 是由 Google 推出的官方 Android 开发 IDE，专门用于 Android 原生开发。安装官方推出的 Flutter 插件之后，Android Studio 便具备了 Flutter 开发能力，变身为一款强大的 Flutter 开发 IDE。

Android Studio 底层基于 JetBrains 的 Intellij IDE 二次封装，这是一款功能强大的 IDE，尤其是在开发复杂的商业项目时，它的开发与重构能力非常强大。安装 Flutter 插件后，Android Studio 全面整合了 Flutter 开发相关功能，包括代码提示、调试运行、重构等，对于复杂 Flutter 项目来说选择使用 Android Studio 进行开发也是绝佳选择。

❶ Android Studio 安装 Flutter 插件

Android Studio 支持 Windows、macOS、Linux 多平台，其官方网址为 https://developer.android.com/studio，打开网页后可根据自身平台进行下载安装。

安装完成后运行 Android Studio，会进入欢迎界面，如图 1-11 所示。

● 图 1-11 Android Studio 欢迎界面

从图 1-11 中可以看到，有一个 Start a new Flutter project 按钮，用于创建 Flutter 工程。未安装 Flutter 插件的 Android Studio 是没有这个按钮的，由于作者已经安装了 Flutter 插件，因此这个按钮才会出现。

下面介绍如何安装 Flutter 插件。单击右下角的 Configure 按钮，选择 Plugins，在打开的 Plugins 窗口中，选择 Marketplace，并搜索 flutter 关键字，在搜索结果中找到 Flutter 组件并进行安装，如图 1-12 所示。插件安装完成后会提示重启 IDE，单击重启 IDE 按钮，再次启动时即可看到 Start a new Flutter project 按钮。

● 图 1-12　安装 Flutter 插件

安装完 Flutter 插件后，使用 Android Studio 进行 Flutter 开发的效果如图 1-13 所示。从图中可以看到 Android Studio 的功能非常强大，Flutter 插件对 Android Studio 进行了全面定制，提供了许多 Flutter 专属功能，能够进一步提高开发效率。

❷ Android Studio 安装 Android SDK

用 Flutter 开发 Android 应用，需要安装 Android SDK。在 Android Studio 中可以方便地管理和安装不同版本的 Android SDK。

在 Android Studio 欢迎界面中，单击 Configure 按钮，在弹出菜单中选择 SDK Manager 会弹出设置窗口，在窗口中可勾选所需的 Android SDK 版本进行安装，具体如图 1-14 所示。

除了在 Android Studio 的欢迎界面打开 SDK Manager 之外，还可以进入 IDE 主界面中，从工具栏上进行访问，或者通过设置菜单进行访问。

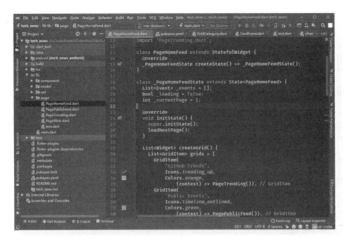

● 图 1-13　Android Studio Flutter 开发效果

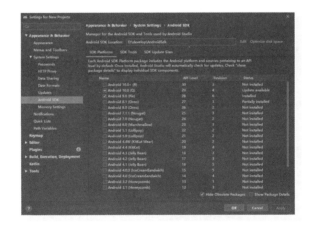

● 图 1-14　安装 Android SDK

▶▶ 1.4.2　使用 Visual Studio Code 进行 Flutter 开发

　　　　　　　　Visual Studio Code 是目前最为流行的代码编辑器之一，Flutter 也支持使用它进行开发，同样也是基于插件扩展实现。下面介绍如何为 Visual Studio Code 添加 Flutter 支持。

　　首先打开 Visual Studio Code，在左侧打开扩展 Tab，在搜索框中输入 flutter 关键字，选择 Flutter 插件并安装，具体如图 1-15 所示。

　　Visual Studio Code 的 Flutter 插件也带来了 Flutter 开发功能深度整合，包括代码提示、编译运行、代码重构等。Visual Studio Code 也是实际工作中常用的 Flutter 开发工具，并且具备占用资源少的优点。

● 图 1-15　在 Visual Studio Code 中安装 Flutter 扩展

使用 Visual Studio Code 进行 Flutter 开发的实际效果如图 1-16 所示。从图中可以看出，Visual Studio Code 的界面相较于 Android Studio 要简洁许多，这并不意味开发功能弱，实际上它的 Flutter 开发能力也是非常强大的。

● 图 1-16　Visual Studio Code Flutter 开发效果

▶▶1.4.3 使用在线环境进行 Flutter 开发

除了本地开发环境之外，还有一些在线开发环境，虽然功能有限，但对于熟悉 Dart 语言特性，快速验证一些简单的 Flutter 布局还是非常好用的。

首先介绍 Dart 在线运行环境，其网址为 https://dart.dev/#try-dart，打开后页面分为两个部分，左侧为代码编辑器，可以输入 Dart 代码，右侧为运行按钮和命令行输出，用于执行代码并打印结果。网页的运行效果如图 1-17 所示。

接下来介绍 Flutter 在线运行环境，网址为 https://dartpad.dev/，在这个网站中可以在线开发 Flutter 应用，单击运行按钮能够立刻预览效果。对于 Flutter 初学者来说，可以在这个网站上边学边练，非常方便。网页的运行效果如图 1-18 所示。

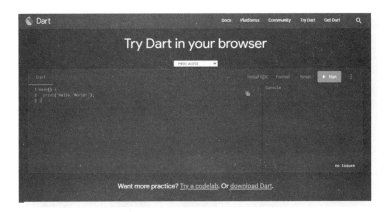

● 图 1-17　Dart 在线开发环境

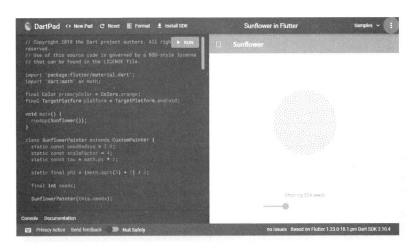

● 图 1-18　Flutter 在线开发环境

1.5 创建第一个 Flutter 应用 Hello World

本节介绍如何创建一个 Flutter 工程，并将它运行起来。

Flutter 工程可以通过多种方式进行创建与运行。如在 Android Studio 中可通过 IDE 的界面操作，在 Visual Studio Code 下可通过命令和界面操作，除了 GUI 工具外，也直接使用 flutter 命令进行操作。本节介绍 Android Studio 操作方式，其他方式可参考对应的插件和命令文档。

▶▶ 1.5.1 如何创建 Flutter 工程

打开 Android Studio，在欢迎界面中选择 Start a new Flutter Project，或者在 IDE 的主界面中选择 File 菜单→New 选项→New Flutter Project 选项，弹出 Create New Flutter Project 窗口，如图 1-19 所示。

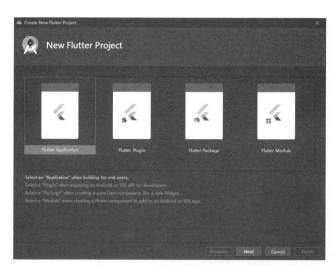

● 图 1-19 Create New Flutter Project 窗口

Flutter 工程包含多种类型，分别介绍如下。

- Flutter Application：纯 Flutter 应用，应用的主体为 Flutter 实现。在本书的示例中均采用这种类型。
- Flutter Plugin：Flutter 插件，将原生能力通过封装后导出给 Flutter 侧，通常包含 Android、iOS 两端原生代码，以及 Dart 封装代码。
- Flutter Package：另一种扩展方式，只包含纯 Dart 代码，不含原生代码。通常为基于

Dart 标准库的功能扩展，或对 Flutter Dart 框架的功能扩展。

- Flutter Module：Flutter 模块，用于混合开发，指的是在现有 Android、iOS 应用中集成
  Flutter 能力，实现原生业务与 Flutter 业务并存。这是目前业界实际业务中最常用的工
  程形态。

下面以 Flutter Application 为例，选中它单击 Next 按钮来到工程名称与路径配置界面，其中
需要填写项目名称，设置 Flutter SDK 路径及项目的存放路径，在 Description 中可为项目编写一
段简短的介绍，具体如图 1-20 所示。

● 图 1-20 填写项目名称及存放路径

在图 1-20 中有一个 Create project offline 选项，默认为未勾选状态，此时创建新工程时会联网
拉取最新数据。如果网络不通，会导致 IDE 卡在这一步，遇到这个问题，可在这一步勾选 Create
project offline 选项，这样创建项目时会跳过联网拉取。

再次单击 Next 按钮，出现一个新的配置页面，在其中填写包名，包名是应用的唯一标识，
需要具备唯一性。之后还有几个勾选项，分别用于选择 Android 下是否启用 androidx、Android
下是否启用 Kotlin，以及 iOS 下是否启用 Swift。如果读者不知道这些选项的具体含义，采用默
认的勾选状态即可。具体如图 1-21 所示。

单击 Finish 按钮便开始创建工程，需等待一段时间，之后可看到创建好的工程，工程的入
口文件为 main.dart，Flutter SDK 默认会生成一个简单的计数器代码项目。关于工程结构及代码
的含义将在后续小节中进行详细介绍，在本节中重点是先将其运行起来。在 IDE 中执行 flutter
pub get，或者打开 Terminal 在终端中执行这段命令获取依赖。依赖加载完成后，IDE 的整体效
果如图 1-22 所示。

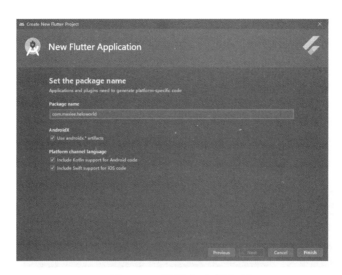

● 图 1-21 设置包名等配置

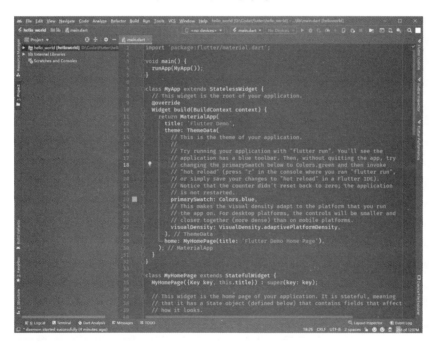

● 图 1-22 hello_world 工程创建成功

▶▶ 1.5.2 配置 Android 模拟器与真机运行

工程创建完成后，接下来的目标是在不同的设备上将它运行起来。在本节中介绍 Android 模拟器的运行方式。Android Studio 中自带模拟器功能，在开发阶段使用模拟器调试非常方便、好用。

创建模拟器的方法为，在工具栏或者在 Tools 菜单下单击 AVD Manager 选项，会弹出如图 1-23 所示的模拟器创建窗口。

● 图 1-23　模拟器创建窗口

单击 Create Virtual Device 按钮后会进入机型选择页面，在这个页面中可以选择模拟设备的机型与屏幕大小等。选择 Pixel 2 设备，单击 next 按钮。接下来进入系统镜像选择页面，选择 ABI 为 x86 的 R 版本系统。需要说明的是，镜像的 ABI 分为 x86 和 ARM 两种，建议选择 x86 镜像，x86 具备更快的运行速度。再次单击 next 按钮，进入设备配置确认页，直接单击 Finish 按钮完成。此时模拟器列表中会出现刚刚添加的模拟器，如图 1-24 所示。

● 图 1-24　模拟器列表

需要注意的是，运行模拟器需要安装 Intel x86 Emulator Accelerator（HAXM installer），这是一个用于提升模拟器运行效率的工具。如果 AVD Manager 未提示安装，需要手动打开 SDK Manager 在 SDK Tools 一栏中进行勾选安装。

单击 Actions 列的运行按钮，启动虚拟机，会弹出一个运行 Android 系统的窗口。回到 IDE，在工具栏中单击运行按钮运行工程，待编译完成后程序会运行在模拟器中，如图 1-25 所示。

虽然模拟器非常方便好用，但是在很多场景下无法替代真机，经常需要将应用安装到设备上进行调试。在本节中介绍如何让 Flutter 应用在 Android 真机上运行。

首先准备一台 Android 设备，打开它的开发者选项。不同品牌机型的开发者选项开启方式有所区别，读者可根据自己的机型自行查阅。在手机上进入开发者选项，开启"USB 调试"，这样 IDE 就可以通过 adb 与手机通信了，如图 1-26 所示。

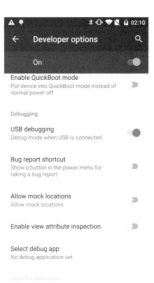

● 图 1-25　Android 模拟器运行示例工程　　● 图 1-26　手机开启 USB 调试

此时 IDE 中已经可以看到连接手机的型号，如图 1-27 所示。再次单击运行按钮，示例工程将会在手机中运行。

● 图 1-27　IDE 识别连接设备

▶▶ 1.5.3　配置 iOS 模拟器与真机运行

Flutter 开发 iOS 应用需要在苹果的 macOS 环境下进行构建，在 macOS 下安装 XCode，并在 XCode 中创建虚拟机，具体配置方式可查阅 iOS 开发环境搭建教程，这里不再赘述。建议安装完 XCode 环境后，使用 flutter doctor 命令检查一下是否安装成功。

在 macOS 下使用 Android Studio 打开 Flutter 工程，在设备选择下拉框中选择 Open iOS Simulator，这会启动 iOS 模拟器，如图 1-28 所示。

待模拟器打开后，会看到设备名称已经切换为模拟器设备。此时单击工具栏上的运行按钮，等待编译完成后示例工程便运行在了模拟器中，如图1-29 所示。

● 图 1-28　选择 iOS 模拟器　　　　　● 图 1-29　iOS 模拟器运行示例工程

　　iOS 真机运行需要有苹果开发者账号，或者个人 Apple ID。但 Apple ID 只能用于个人开发学习，构建出的应用无法上架 AppStore，同时对安装应用的真机数量也有限制。

　　配置 iOS 真机运行首先需要在 XCode 中登录账号，将 iOS 设备连接到苹果计算机上。来到项目工程所在目录，使用 XCode 打开 ios/Runner.xcworkspace，在左侧的导航区单击根节点 Runner 进入工程配置，在打开的 Tab 分页标签中单击 Signing&Capabilities Tab 选项，此时需要绑定 Apple ID。登录完成后，选中真实设备即可运行。

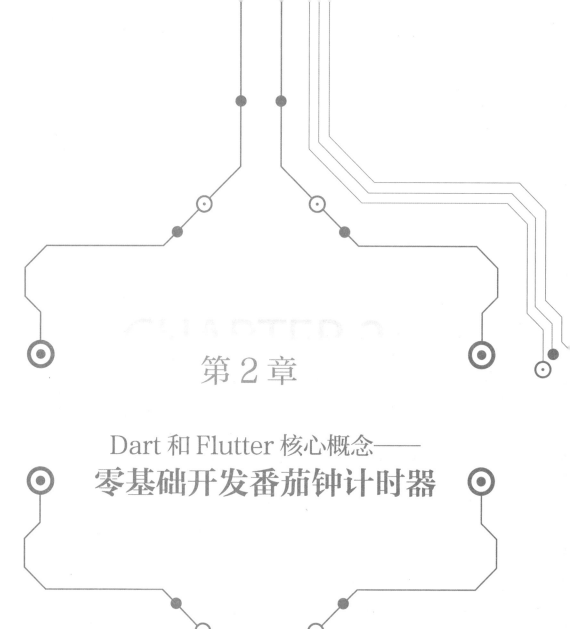

第 2 章

Dart 和 Flutter 核心概念——
零基础开发番茄钟计时器

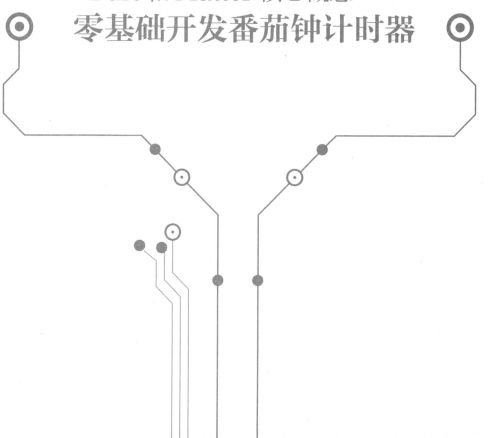

第 1 章对 Flutter 进行了理论介绍，同时完成了 Flutter 开发环境的配置搭建。相信读者已经迫不及待，想要亲手进行 Flutter 应用开发了。

Flutter 使用 Dart 作为开发语言，因首先需要学习 Dart 语言。本章精选了常用的 Dart 语言特性，帮助读者实现快速入门。对 Dart 有了初步了解后，接下来进行本书的第一个实战项目——番茄钟计时器，实现快速上手 Flutter，并对 Flutter 中的核心概念，比如组件化、工程结构、核心组件建立初步认识。

本章内容经过精心筛选，选出入门所必需的核心知识点，并通过结合实例进行实战，帮助读者实现快速上手，同时使基础知识更加扎实、牢固。

2.1 番茄钟计时器开发要点

番茄钟的概念来自于番茄工作法，这是一种流行的时间管理方法，主要目的是帮助人们更加专注地完成目标。其主要思想是将时间以 25min 的间隔进行拆分，每个间隔称为一个"番茄"。

所谓番茄钟就是一个以 25min 为间隔的定时器，当开始一项工作时，开启番茄钟进行倒计时，倒计时归零时番茄钟会发出提示，提醒用户进行休息。这样，通过有节奏性的劳逸结合，实现专注、高效地工作

番茄钟计时器的产品界面原型图如图 2-1 所示。

在后续章节中，首先学习 Dart 基础知识。打下一个坚实基础，有助于更快、更好地开发出高质量 Flutter 代码。

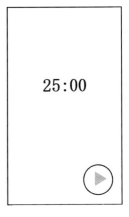

● 图 2-1　番茄钟计时器的
产品界面原型图

没有 Dart 语言基础的读者也不用担心，Dart 是一门非常容易上手的语言，其语法与 Java、JavaScript 等常用编程语言非常接近，有这些编程语言基础的读者，在一两天的时间里就能够快速上手。

最后，作为对基础知识的巩固，将完成这个番茄钟计时器的开发。

2.2 Dart 语言快速上手

Flutter 选用 Dart 编程语言进行应用开发，Dart 也是由 Google 公司研发的，一种专门为客户端开发设计的编程语言，能高效地运行在各种平台上。

客户端开发涉及大量的界面交互，如何提高界面开发效率，是前端技术发展的难点与重点。同时，由于移动设备的性能弱于 PC，如何能在移动设备上运行地更快、更省电，也是移动端技术领域的难点之一。

Dart 语言在设计时充分考虑了这些问题，并从编程语言层面给出了解决方案。

1）高效界面交互开发：针对客户端开发涉及大量界面交互的需要，Dart 语言对界面开发专门进行了优化，能够快速、高效搭建界面布局。

2）提高开发效率：Dart 语言支持两种编译模式，JIT（Just-in-Time）和 AOT（Ahead-of-Time），其中，通过 JIT 模式，能够实现编译器热重载（Hot Reload）技术，开发者的代码改动能够实时在设备上进行预览，节省了大量重新编译时间。

3）多平台高效运行：Dart 语言能够被编译为 ARM 或 x64 机器码，高效运行在各种平台上。同时 Dart 语言也能够被编译为 JavaScript，进行 Web 开发。

总体来说，Dart 是一门精心设计的先进编程语言。有需要的读者可以扫描二维码进入对 Dart 语言语法的学习。读者在第 1 章完成开发环境搭建后，可在 IDE 或者在在线编辑器中边学习边练习，以更好地掌握 Dart 语言。

2.3 Flutter 组件化

Flutter 框架在设计时参考了前端流行的 React 框架，因此 Flutter 也是一个组件化框架，在 Flutter 中一切皆组件（Widget）。

组件表示一个可复用的功能单元，可以是 UI 组件，如文本、图片，也可以是纯功能组件，如路由、状态管理器。需要注意的是，通常组件由 Component 一词表示，Widget 一般表示图形控件。Flutter 中的命名习惯有一点特殊，它将 Widget 作为组件的意思。因此可以理解为 React 中的 Component 对应于 Flutter 中的 Widget。

对于组件来说，有 3 个核心要素。

1）属性：父组件可以向子组件传递一些数据或回调方法，供子组件使用。通过属性，数据能够在组件树中一层层向下传递。

2）状态：位于组件内部，仅供组件内部使用的状态变量。比如一个表单组件，需要将用户输入暂存在状态中，在用户单击"提交"按钮时统一提交。状态通过 setState 方法更新，更新后会触发布局重新构建。

3）布局构建：在组件中包含 build 方法，用于构建 UI 布局。在 build 方法中，根据父组件传入的属性，以及组件内部的状态，生成对应的布局。每当属性或状态发生变化时，build 方法都会重新执行，这是一种响应式布局开发模式。

在 Flutter 中提供了 3 大类组件：StatelessWidget、StatefulWidget、InheritedWidget，其中前两种最为常用，在本节中进行讲解。第三种将在后续章节中进行介绍。

▶▶ 2.3.1　组件化思想

传统移动端开发是基于页面加视图的概念来开发的。比如在 Android 中，页面的载体是 Activity，页面的视图元素则由众多视图（View）组成。

随着前端 React、Vue 的流行，它们所采取的组件化思想迅速流行起来。组件化思想概括来说就是"一切皆组件"，在应用中不再区别页面与视图，统统都是组件。

前端组件化相较于传统移动端开发，具备一定优势，具体包括以下几点。

1）概念简化：在传统的 Android 开发中，需要了解不同的概念，如 Activity、Application、ViewGroup 等，只有把这些都研究透彻才能够进行开发。而在组件化架构中，这些概念都被统一成组件，页面也是组件、视图也是组件，它们以同样的原理工作。通过这种简化，降低了框架的复杂性，也降低了开发者的学习成本。

2）函数式思想：组件化架构通过统一概念，可以以一种函数式嵌套的形式进行搭建。这种搭建方式相较于传统架构方式，不仅更加优雅清晰，同时为更高级的特性提供了支撑。

3）声明式 UI：在传统开发中，开发者需要手动维护界面元素的布局和内容，尤其是涉及元素增减时，开发者需要自己知道哪些要改变。当数据变化时，开发者也要手动更新对应的视图元素。有了声明式 UI，开发者只需要维护组件间的关系，以及建立组件与状态间的响应式关联。当视图需要改变时，通过 Virtual DOM 机制，框架会自动进行视图变更。同时基于响应式订阅，数据变化时视图组件能够自动更新，大大提高了开发效率。

目前业界普遍认可组件化思想是一种更为先进的应用开发模式，能够大大提高开发效率。

▶▶ 2.3.2　无状态组件 StatelessWidget

StatelessWidget 是最简单的组件形式，它不包含状态，仅接收来自父组件的输入属性，并构建布局展示。无状态组件在实际中被大量应用，由于仅有输入、输出，不保存中间状态，行为像函数一样，在同类的 React 框架中将这种组件称为函数式组件。

无状态组件继承 StatelessWidget 类，并覆写 build 方法，在 build 方法中进行布局创建。比如创建标题组件（H1、H2），分别表示不同等级的标题，具体代码如下：

```
class H1 extends StatelessWidget {
  final String title;

  H1(this.title);
```

```
    @override
    Widget build(BuildContext context) {
      return Text(
        title,
        style: TextStyle(
          fontSize: 40,
          color: Color(0xFF333333),
          fontWeight: FontWeight.bold
        ),
      );
    }
  }
  class H2 extends StatelessWidget {
    final String title;
    H2(this.title);
    @override
    Widget build(BuildContext context) {
      return Text(
        title,
        style: TextStyle(
            fontSize: 32,
            color: Color(0xFF555555),
            fontWeight: FontWeight.bold
        ),
      );
    }
  }
```

在实际使用时，用一个纵向排列组件的 Column 布局，
对 H1 和 H2 组件的实例进行封装，并分别向两个标题组件
传入不同的输入文本，具体代码如下：

```
Column(
  crossAxisAlignment: CrossAxisAlignment.start,
  children: [
    H1("一级标题"),
    H2("二级标题")
  ],
)
```

运行代码，效果如图 2-2 所示。

● 图 2-2　无状态组件示例

▶▶ 2.3.3　有状态组件 StatefulWidget

StatefulWidget 表示含有状态的组件，实际中也被大量应用。在 Flutter 中要创建有状态组件，首先从 StatefulWidget 中派生一个类，并覆写类的 createState 方法。之后要再基于 State 类派生一个状态类，并将这个类的实例作为 createState 方法的返回值。在状态类中进行两项工作，首先是定义状态，并覆写 build 方法进行布局搭建。具体代码示例如下：

```
class Counter extends StatefulWidget {
  @override
  State<StatefulWidget> createState() {
    return _CounterState();
  }
}
class _CounterState extends State<Counter> {
  int totalCount = 0;
  @override
  Widget build(BuildContext context) {
    return Column(
      children: [
        if (totalCount >= 10) Text("Bingo!! $totalCount"),
        MaterialButton(
          child: Text("+1"),
          onPressed: () => setState(() {
            totalCount++;
          }))
      ],
    );
  }
}
```

在上面的代码中，可以看到在 StatefulWidget 中，布局构建 build 作为 State 类的方法，这是 Flutter 中的一个特点，也是与其他框架（如 React）的使用差异。在 Flutter 中，StatefulWidget 类只用于接收输入属性，而状态维护与布局渲染均放到 State 类中进行。运行上述代码，代码执行效果如图 2-3 所示。

在上述代码运行程序中，最开始屏幕上仅有一个"+1"按钮，随着不断单击，每次单击 totalCount 的值会递增，并通过 setState 方法更新状态，状态更新又会触发 build 重新构建，在 build 重新构建中，会根据 totalCount 的值判断"Bingo"文本是否展示。

▶▶ 2.3.4　组件的生命周期

组件生命周期指的是组件创建、展示、销毁的过程。这个过程需要在合适的时机进行初始化、资源释放等操作。如果在组件销毁时没有将该释放的资源释放,垃圾回收器(GC)就很可能无法回收组件,从而造成内存泄漏问题。

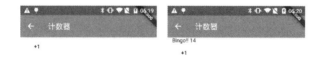

● 图 2-3　有状态组件示例

生命周期概念只存在于 StatefulWidget,StatelessWidget 是没有生命周期概念的。在首次创建 StatefulWidget 组件时,首先会调用其构造方法,之后调用 createState 方法创建状态实例。

StatefulWidget 包含有以下生命周期方法。

❶ createState 状态创建生命周期

创建状态实例,在组件的创建过程中只调用一次。代码实现如下:

```
@override
State<StatefulWidget> createState() {
  return _CounterState();
}
```

❷ initState 状态初始化生命周期

initState 是 State 中的方法,是组件的创建生命周期,在组件创建过程中只被调用一次。需要注意的是,在这个方法中还无法使用 BuildContext。在实际应用中,通常在这个方法里发起网络请求,或订阅状态管理器的数据。代码实现如下:

```
@override
void initState() {
  super.initState();
}
```

③ didChangeDependencies 依赖变化生命周期

当组件第一次创建时，didChangeDependencies 会在 initState 之后调用。除此之外，如果组件依赖 InheritedWidget，当 InheritedWidget 发生变化时，会触发 didChangeDependencies 方法。

④ build 布局构建生命周期

build 方法用于创建页面布局。组件第一次创建的时候，会调用一次 build 方法。之后每当状态发生改变时 build 都会被调用。有两种方式能触发状态改变，一是使用 setState 更新状态，二是 didUpdateWidget 被调用。

⑤ didUpdateWidget 组件更新生命周期

当父组件触发重建时会触发子组件的 didUpdateWidget。在 didUpdateWidget 方法中，会以参数的形式传入旧组件，供开发者进行对比。

⑥ setState 状态更新方法

setState 方法用于进行状态更新，将要更新的状态传入 setState 中进行更新，会触发调用 build 方法更新布局。例如，在前面的计数器示例中，调用 setState 更新累计计数，代码实现如下：

```
setState(() {
  totalCount++;
})
```

⑦ deactivate 组件失活生命周期

当组件将要从组件树中删除时触发，意味着组件将要被销毁。但这不表示组件一定会被销毁，比如当组件从组件树中移除，触发了 deactivate 生命周期，随后在当前帧结束之前又被插入回组件树，此时尽管调用了 deactivate 方法，但事实上组件实例并没有被销毁，依旧在组件树上。

⑧ dispose 销毁生命周期

当组件被永远从状态树中移除时触发，表示组件被销毁。通常在这个方法中进行一些资源释放操作，如释放监听、定时器等。

⑨ StatefulWidget 生命周期流转图

StatefulWidget 从创建到最终销毁的各个生命周期，可以梳理为整体生命周期流转图，如图 2-4 所示。在实际开发中，build 是最常用的生命周期，用于创建组件的布局。initState 和 dispose 也经常使用，用于状态的初始化与销毁。

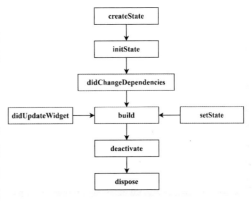

● 图 2-4 StatefulWidget 生命周期流转图

需要注意的是，一些在 initState 中创建的对象，如定时器、监听等，需要在 dispose 时及时释放，从而避免内存泄漏。当需要更新状态时，调用 setState 方法，会出发 build 方法进行布局更新。

需要注意的是，生命周期系列方法中不包含状态类的构造函数，在状态类的构造函数中访问不到 Widget 的输入属性。

▶▶ 2.3.5　Material 和 Cupertino 组件库

Flutter 提供了两套 UI 组件库，Material 组件库和 Cupertino 组件库，前者用于开发 Android Material Design 设计风格应用，后者用于开发 iOS 风格应用。采用哪套组件库并不会影响跨端，开发者可根据自身应用的设计风格进行选择。

由于 Flutter 采用自绘制，因此这两套组件库都非系统原生，而是 Flutter 自己又实现了一遍。两套组件库实现的质量很高，以至于做到与原生 UI 难以分辨的程度。

做到这种程度是非常不容易的，试想如何才能通过自绘制高度还原一个平台的使用体验呢？首先控件要长得像，比如按钮、文本框等 UI 要与目标系统保持一致。控件长得像就做到高度还原了吗？还不够。不同平台还有一些细腻的交互效果，比如整个应用的页面过场方式、默认字体、主题等。把这些都做到才能真的实现以假乱真。

Flutter 的组件库设计非常细致，两套组件库都实现了以假乱真的效果。这两套组件库各提供了大量组件，但整体来说可以归为三类：应用级组件、页面级组件、视图组件。

❶ 应用级组件

在 Flutter 组件树中，最根级组件通常为 WidgetsApp 组件，用于提供 App 全局通用能力，比如路由、多语言、字体主题等。WidgetsApp 是一个基类，两套组件库均基于它进行派生，Material 组件库对应的为 MaterialApp 组件，Cupertino 组件库对应的为 CupertinoApp 组件。这两套组件在 WidgetsApp 组件的基础上，对目标平台下的默认字体、主题、过场动效等进行了详细适配。

❷ 页面级组件

在不同的设计风格下，页面有着固定的展示方式。比如 Material Design 设计风格下的页面，标题栏始终位于顶部，并且具有特定 UI 样式，Fab 位置始终位于右下方，且距离页面边距固定。对于这种固定的页面组织形式，如果由开发者自行实现，会增加开发者的工作量，同时不同人开发出来的代码展示效果也难以实现统一。

因此在 Flutter 组件库中，提供了用于页面架构布局的组件 Scaffold。Scaffold 意为页面脚手架，Flutter 为开发者搭建好了页面框架，在使用时只需要填充设置项即可。这样大大提高了开发效率，可以方便、快速地开发出高质量页面。

由于不同平台页面展示风格不同，在两套组件库中分别提供了 Scaffold 组件。Material 组件库对应组件为 Scaffold 组件。Cupertino 组件库对应组件为 CupertinoPageScaffold、CupertinoTab-Scaffold。

❸ 视图级组件

组件库中绝大多数组件都是视图组件，用于展示屏幕中的不同视图元素，比如按钮、文本框、对话框等。两套组件库分别提供了各个平台下的视图组件。比如按钮组件，在 Cupertino 下提供有 CupertinoButton，在 Material 下提供有 FlatButton、IconButton、FloatingActionButton、OutlineButton、RaisedButton 等。两套组件库提供的组件可在官方文档站中查看。

- Material 组件库：https://flutter.dev/docs/development/ui/widgets/material。
- Cupertino 组件库：https://flutter.dev/docs/development/ui/widgets/cupertino。

通过对比可以看出，Material 组件库中的组件要远比 Cupertino 组件库丰富。原因在于 Flutter 和 Material Design 都由 Google 出品，Material 组件库由 Material Design 官方团队进行维护，因此质量相对更高。

使用了一个组件库后，是不是就不能使用另一个组件库中的组件了呢? 并不是，组件库组件是支持混用的。组件库组件实际上都是 Flutter 组件，也就是说，不论是 Material 组件库中的按钮，还是 Cupertino 组件库中的按钮，它们的底层实现机制是相同的。在实际开发中组件混用也是经常采用的，比如本书中技术头条实例，就在 MaterialApp 中使用了 Cupertino 搜索框组件，以实现更好的 UI 展现效果。

2.4 初识 Flutter 工程

有了前面的 Dart 和 Flutter 的理论知识铺垫，接下来开始进入实战环节。首先介绍 Flutter 工程的组成结构。

▶▶ 2.4.1 Flutter 工程结构特点

在第 1 章介绍了如何创建 Flutter 工程，工程创建好后，包含以下目录。
- /lib：存放 Flutter 应用代码，使用 Dart 语言进行开发。
- /android：原生 Android 壳工程，用于构建 Android APK，在运行时，Android 应用会自动加载 Flutter 应用代码并执行。
- /ios：原生 iOS 壳工程，用于 iOS 平台上运行 Flutter 应用。

Android、iOS 原生工程涉及对应平台的原生开发技术。如在 Android 平台使用 Kotlin、Java 作为开发语言，使用 Gradle 进行依赖管理。iOS 平台采用 Swift、Objective-C 作为开发语言，使用 CocoaPods 进行依赖管理。

对于 Flutter 开发而言，壳工程主要用来加载 Flutter 应用。在 Flutter 入门阶段，读者可以暂时忽略两个原生壳工程，将重点聚焦于/lib 目录下的 Flutter 应用开发。

/lib/main.dart 是应用的入口文件，其中包含 main 函数：

```
import 'package:flutter/material.dart';
void main() {
  runApp(MyApp());
}
```

其中，引入了 material 包。runApp 函数的作用是运行 Flutter Framework，并接收一个组件，将其展示到屏幕上。

下面对 main.dart 中涉及的核心组件进行说明。

▶▶ 2.4.2　App 组件——应用架构的基石

在 Flutter 中提供了 WidgetsApp 作为整个应用的根组件，它的作用是统一提供组成 APP 必不可少的基础架构组件。开发者只需要使用 WidgetsApp 作为根组件，整个 APP 中就可以直接使用路由导航、本地化、主题等功能。

MaterialApp 是基于 WidgetsApp 的派生组件，它在 WidgetsApp 的基础之上实现了 Material Design 设计风格。除此之外，还有 CupertinoApp，它基于 WidgetsApp 实现了 iOS 设计风格。在实际开发中，可以根据所需的设计风格进行选择。在本书中，将主要介绍 MaterialApp 组件的使用。

runApp 接收组件 MyApp，它的代码为：

```
class MyApp extends StatelessWidget {
  @override
  Widget build(BuildContext context) {
    return MaterialApp(
      title: 'Flutter Demo',
      theme: ThemeData(
        primarySwatch: Colors.blue,
        visualDensity: VisualDensity.adaptivePlatformDensity,
      ),
      home: MyHomePage(title: 'Flutter Demo Home Page'),
    );
  }
}
```

其中，MyApp 是一个无状态组件，它返回 MaterialApp 组件。MaterialApp 基于 WidgetsApp，集成了应用中所需的各种基本功能，如 Navigator 导航路由等，并支持对设计主题进行设置。

在 MaterialApp 的传入参数中，title 指定应用名称，theme 传入一个 ThemeData 实例，用于指定主题样式。home 用于指定首页，代码中传入了 MyHomePage。

▶▶ 2.4.3 Scaffold 组件——页面的骨架

Scaffold 组件提供了 Material Design 风格页面的布局框架，对常用的页面布局进行封装，比如标题栏、侧边导航抽屉、底部导航栏、snack bar、bottom sheets、FAB 悬浮按钮等。开发者只要通过组件属性设置，就能够完成高质量 Material Design 页面开发。

MyHomePage 是 main.dart 中默认创建的一个带有计数器功能的组件，其代码如下：

```
class MyHomePage extends StatefulWidget {
  MyHomePage({Key key, this.title}) : super(key: key);

  final String title;

  @override
  _MyHomePageState createState() =>
    _MyHomePageState();
}

class _MyHomePageState extends State<MyHomePage> {
  int _counter = 0;

  void _incrementCounter() {
    setState(() {
      _counter++;
    });
  }

  @override
  Widget build(BuildContext context) {
    return Scaffold(
      appBar: AppBar(
        title: Text(widget.title),
      ),
      body: Center(
        child: Column(
          mainAxisAlignment:
            MainAxisAlignment.center,
          children:<Widget>[
            Text(
              'You have pushed …',
            ),
            Text(
              '$_counter',
```

```
            style: Theme.of(context)
                    .textTheme.headline4,
          ),
        ],
      ),
    ),
    floatingActionButton: FloatingActionButton(
      onPressed: _incrementCounter,
      tooltip: 'Increment',
      child: Icon(Icons.add),
    ),
  );
 }
}
```

其中，MyHomePage 是一个有状态组件，并定义了一个_counter 状态，用于统计按钮单击次数。

_MyHomePageState 返回中，包含 Scaffold 组件，这个组件定义了页面的整体框架。基于 Scaffold 可以方便地搭建好页面整体框架。如在上面代的码中，通过 Scaffold 的 appBar 指定了标题栏，通过 body 指定内容区域，通过 floatingActionButton 创建了一个 FAB 悬浮按钮。

2.5 开发番茄钟

本节将开发一个简单的番茄钟计时器，以巩固本章介绍的理论基础。

lib/main.dart 是 App 的入口页面，因此需要对默认代码进行重写。首先创建番茄钟的首页 MyHomePage，它是带有状态的 StatefulWidget，状态类为_MyHomePageState。在 build 方法中进行布局搭建，使用 Scaffold 组件搭建页面的骨架。在 Scaffold 中，body 表示页面的内容区，这里通过 Text 组件展示了一段文本，并通过 floatingActionButton 属性添加了一个悬浮按钮。将 main.dart 的代码替换如下：

```
import 'package:flutter/material.dart';

void main() {
  runApp(MyApp());
}

class MyApp extends StatelessWidget {
  @override
  Widget build(BuildContext context) {
    return MaterialApp(
```

```
    title: '番茄钟',
      home: MyHomePage(),
    );
  }
}

class MyHomePage extends StatefulWidget {
  @override
  _MyHomePageState createState() => _MyHomePageState();
}

class _MyHomePageState extends State<MyHomePage> {
  @override
  Widget build(BuildContext context) {
    return Scaffold(
      body: Center(
        child: Text('Hello!'),
      ),
      floatingActionButton: FloatingActionButton(
        onPressed: null,
        child: Icon(Icons.play_arrow),
      ),
    );
  }
}
```

运行代码效果如图 2-5 所示。

其中，界面中包含一个展示文本和一个悬浮按钮。目前应用还不具备实际功能，将在下面小节中逐步进行实现。

▶▶ 2.5.1　使用 Center 组件进行居中显示

在上面的代码中，向 Scaffold 组件的 body 传入了一个 Center 组件，其作用是在视图容器中居中显示。

如果不使用 Center 组件，而是直接向 Scaffold 传入 Text 组件，运行程序会发现文本定位到了起始位置，即屏幕的左上角，如图 2-6 所示。

```
return Scaffold(
  body: Text('Hello!'),
  ...
);
```

• 图 2-5　番茄钟初始界面效果　　　• 图 2-6　未使用 Center 组件时文本展示效果

▶▶ 2.5.2　Text 文本展示组件

番茄钟的主要功能是 25min 倒计时，首先需要在屏幕上创建一个文本展示组件，来展示倒计时。在 Flutter 中，展示文本使用 Text 组件。

下面代码创建了一个文本，其运行效果如图 2-7 所示。

```
Text('Hello Flutter!')
```

Hello Flutter!

• 图 2-7　文本组件展示效果

需要注意的是，Text 组件需要被嵌套在 Scaffold 组件内部使用，如果跳过 Scaffold 直接使用 Text，由于默认样式没有设置，会出现展示异常的效果，如图 2-8 所示。

通过 Text 的 style 属性可以方便地设置文本样式。下面介绍一些基础的样式设置方法。

• 图 2-8　Text 在 Scaffold 外的异常展示效果

❶ 设置文本颜色

通过 TextStyle 样式的 color 属性可以修改文本颜色，示例代码如下：

```
Text('Hello Flutter!', style: TextStyle(color: Colors.red))
```

运行效果如图 2-9 所示。

❷ 设置字体大小

通过 TextStyle 样式的 fontSize 属性可以修改文本大小，

Hello Flutter!

• 图 2-9　设置文本颜色效果

示例代码如下：

```
Text('Hello Flutter!', style: TextStyle(fontSize: 32))
```

运行效果如图 2-10 所示。

❸ 文字加粗

通过 TextStyle 样式的 fontWeight 属性可以修改文本加粗，示例代码如下：

```
Text('Hello Flutter!', style: TextStyle(fontWeight: FontWeight.bold))
```

运行效果如图 2-11 所示。

Hello Flutter!

● 图 2-10　设置字体大小效果

❹ 倒计时文本组件

了解了 Text 组件的基础使用后，下面回到番茄钟工程，创建倒计时文本展示组件。将 main.dart 位于屏幕中心的 Text 替换为以下代码：

```
Text(
  '25:00:00',
  style: TextStyle(
      fontSize: 48,
      fontWeight: FontWeight.bold,
      color: Colors.blue),
)
```

其中设定了一个固定文本，在下一节对定时器的讲解中，会通过状态对其进行替换。再次运行 main.dart 效果如图 2-12 所示。

● 图 2-11　字体加粗效果

● 图 2-12　倒计时文本组件展示效果

▶▶ 2.5.3　添加 Timer 定时器

在应用开发中经常会使用到定时器，它能够每隔一段时间触发执行相应代码。一种典型的应用场景是网络轮询请求，每隔固定时间发起请求，适用于一些需要定时与后端数据保持同步的应用场景。

Dart 标准库的 async 包中提供了定时器能力，具体实现类为 Timer。

Timer 的使用主要分为几个步骤，首先在组件的初始化生命周期中创建一个 Timer 实例，在创建时需指定定时间隔（Duration），以及定时触发时所需执行的代码。

Timer 有两种工作模式：单次触发与循环触发。

对于单次触发，定时器触发一次后自动停止。创建方法如下：

```
var timer = Timer(Duration(seconds:1), () => debugPrint('tick'));
```

其中，通过 debugPrint 方法可以输出日志。

对于循环触发，定时器会循环定时触发下去，直到调用它的 cancel( ) 方法手动停止。创建方法如下：

```
var timer = Timer.periodic(
        Duration(seconds:1),
        (timer) => debugPrint('tick'));
```

结合番茄钟实例，基于周期为 1s 的定时器，创建一个状态用于统计倒计时的秒数。具体代码如下：

```
class _MyHomePageState extends State<MyHomePage> {
  int countDownSeconds = Duration.secondsPerMinute * 25;
  Timer timer;
  @override
  void initState() {
    timer = Timer.periodic(Duration(seconds:1), (timer) {
      setState(() {
        countDownSeconds--;
      });
      debugPrint(countDownSeconds.toString());
      if (countDownSeconds == 0) {
        timer.cancel();
      }
    });
  }

  ......
```

运行程序可以看到 Logcat 日志：

```
I/flutter ( 9329):1499
I/flutter ( 9329):1498
I/flutter ( 9329):1497
I/flutter ( 9329):1496
I/flutter ( 9329):1495
```

▶▶ 2.5.4 为按钮添加单击事件控制番茄钟开始

现在文本展示、按钮及定时器都已就绪，接下来需要将它们串起来。FloatingActionButton

的 onPress 属性用于设置按钮单击后的行为，这也是整个程序的触发点。当单击按钮后，创建定时器开始计时，每次定时器触发时都更新 countDownSeconds 状态，每次状态变化倒计时文本组件也会进行相应更新。如果定时器倒计时为 0，还需要再关闭定时器，同时弹出一个对话框向用户发出提示。具体实现代码如下：

```
class _MyHomePageState extends State<MyHomePage> {
  static const DEFAULT_COUNT_DOWN = Duration.secondsPerMinute * 25;
  int countDown = 0;
  Timer timer;
  void startCountDown() {
    if (timer != null) timer.cancel();
    countDown = DEFAULT_COUNT_DOWN;
    timer = Timer.periodic(Duration(seconds: 1), (timer) {
      setState(() {
        countDown--;
      });
      debugPrint(countDown.toString());
      if (countDown == 0) {
        timer.cancel();
        showDialog(context: context, builder: (context) {
          return AlertDialog(
            content: Text("成功获得一个番茄,请注意休息!"),
          );
        });
      }
    });
  }

  String padDigits(int value) {
    return value.toString().padLeft(2, '0');
  }

  String parseText() {
    return '${padDigits(countDown ~/60)}:${padDigits(countDown % 60)}';
  }

  @override
  Widget build(BuildContext context) {
    return Scaffold(
      body: Center(
        child: Text(
          parseText(),
          style: TextStyle(
```

```
            fontSize: 48,
            fontWeight: FontWeight.bold,
            color: Colors.blue),
        ),
      ),
      floatingActionButton: FloatingActionButton(
        onPressed: startCountDown,
        child: Icon(Icons.play_arrow),
      ),
    );
  }
}
```

其中，将 startCountDown 设置为悬浮按钮的回调函数，在其中启动定时器。通过 showDialog 方法弹出对话框。parseText 方法用于将 countDown 状态从整数转换为文本形式进行展示。pad-Digits 方法的作用是将只有一位的整数通过补 0 将其扩充至两位，使其更加美观。

运行程序，倒计时中效果如图 2-13 所示，倒计时完成后弹窗提示如图 2-14 所示。

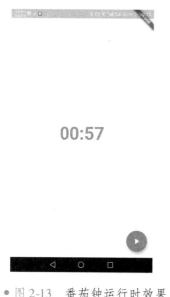

● 图 2-13　番茄钟运行时效果

● 图 2-14　倒计时结束弹窗提示

▶▶ 2.6　番茄钟知识扩展

为了快速上手 Flutter 开发，本章首先学习了 Dart 语言，虽然 Dart 语言比较容易上手，但也需要进行较为体系的学习，这样才能将这门语言用好，提升开发效率与质量。之后学习了 Flutter 中的核心基础概念。

为了巩固本章所学的理论知识，实践开发了一个简单的番茄钟计时器。通过这个简单的示例，相信读者已经感受到 Flutter 开发的魅力，不仅代码比较清晰简洁，同时在开发过程中通过 Hot Reload 功能，无须编译就能以"亚秒级"的速度快速看到执行效果，大大提升了开发效率。

本章的番茄钟定时器的功能还比较简陋，还有很多可以进一步完善的地方。这里布置几个思考题，供读者进行进一步巩固与提高。

1）动态改变倒计时文字颜色：随着倒计时数字变小，动态地改变倒计时文字的颜色，使其更加醒目。

2）实现启动与暂停功能：悬浮按钮应当具备启动、暂停两种功能，并且具备不同的图标，而目前只实现了启动功能。首次单击时启动定时器，再次单击时暂停定时器，如此往复。

番茄钟定时器是应用市场中的一类热门工具应用。通过学习后续章节，随着对 Flutter 开发技能的不断丰富，读者可以按照应用产品的开发流程对番茄钟进行不断迭代，开发出一款不仅对自己有所帮助，也能帮助到他人的效率工具。

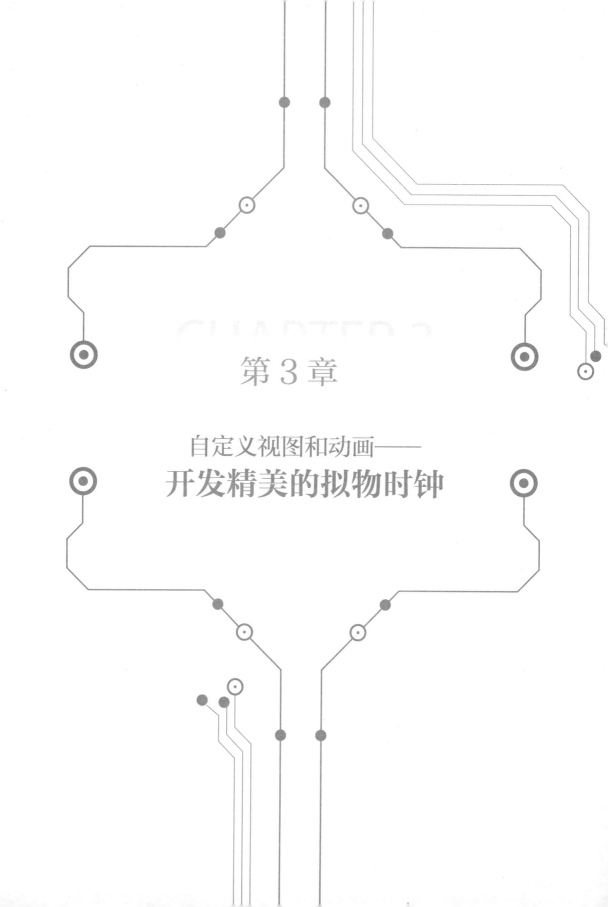

第 3 章

自定义视图和动画——
开发精美的拟物时钟

Flutter 的一大特色是采用内置绘图引擎，此方式带来了许多其他跨端框架难以实现的特性，比如优秀的跨端一致性。除此之外，通过自绘制，Flutter 对底层绘制能够实现更多的掌控，这为 Flutter 带来了强大的自定义视图绘制能力和动画能力，让开发者能够高效开发出精美的 UI 效果。

Flutter 提供了丰富的 UI 组件，适用于大部分应用场景。但在现实开发中，有的功能需要高度定制 UI，基于现成组件难以实现预期效果。在这种情况下只能选择自定义视图自行绘制。

同时，随着移动应用对体验要求的不断提升，动画已成为了移动应用中不可缺少的一部分。赏心悦目的动画效果能够为用户带来更加流畅、舒适的使用体验。Flutter 提供了强大的动画能力，能够高效地开发出各种动效效果。

本章的目标是介绍如何在 Flutter 中创建自定义视图，以及 Flutter 动画框架的使用方法，并通过一个精美的拟物时钟实战项目对本章的知识进行巩固与加强。

3.1 拟物时钟开发要点

在开发拟物时钟时，需要用到一些 Flutter 中最为常用的布局组件，如 Container 容器组件、Stack 层叠布局组件。同时也需要对 Flutter 自定义视图绘制、动画进行学习。因此，本节先介绍这部分内容，完成基础知识学习。之后给出拟物时钟的产品原型，最后进行实战。

▶▶ 3.1.1 使用 Container 定制组件展示效果

在 UI 开发中经常需要对视图添加边距、内距等效果，Flutter 提供了一个非常方便的 Container 组件，能够方便地控制组件边距、大小、位置等属性。不仅如此，通过 Container 还能实现更多高级展示效果，比如基于 Container 实现一个带有新拟物风格的时钟表盘，具体实现方法将在实战环节中介绍。

创建一个新的 Flutter 工程作为 Container 学习工程，参照 2.5 节的实例代码替换 lib/main.dart。这样在练习时，只需要将 Text('Hello!') 替换为接下来的 Container 组件示例即可。

❶ 设置 Container 背景色

通过 Container 组件的 color 属性可以修改背景颜色，例如：

```
Container(
  color: Colors.green,
)
```

代码运行效果如图 3-1 所示。

② 设置 Container 子组件

通过 Container 的 child 属性传入子组件：

```
Container(
    child: FlutterLogo(size: 300),
)
```

其中，FlutterLogo 是 Flutter 提供的一个组件，用于展示 Flutter 的 Logo 标识。代码运行效果如图 3-2 所示。

● 图 3-1 Container 修改背景为绿色   ● 图 3-2 Container 指定 child 组件

③ 设置 Container 对齐方式

Container 的尺寸默认会充满父布局，在上面代码中，FlutterLogo 的尺寸小于 Container，默认会摆放在左上角位置。通过 Container 的 alignment 属性可以更改对齐方式，例如，更改为右下角对齐：

```
Container(
    alignment: Alignment.bottomRight,
    child: FlutterLogo(size: 300),
)
```

代码运行效果如图 3-3 所示。

除了 Alignment.bottomRight 外，Flutter 提供的默认对齐方式见表 3-1。如果默认对齐方式无法满足，也可以通过构造 Alignment 实例的方式手动指定精确位置。

表 3-1　Flutter Alignment 对齐方式

常　量　名　称	对 齐 方 式
topLeft	左上角对齐
topCenter	顶部水平居中
topRight	右上角对齐
centerLeft	左侧垂直居中
center	居中
centerRight	右侧垂直居中
bottomLeft	左下角对齐
bottomCenter	底部水平居中
bottomRight	右下角对齐

● 图 3-3　Container 指定右下角对齐

❹ 设置 Container 外边距

通过 Container 的 margin 属性可以指定外边距，示例如下：

```
Container(
  margin: EdgeInsets.all(30.0),
  color: Colors.yellow,
  child: FlutterLogo(size: 300),
)
```

代码运行效果如图 3-4 所示。

其中，外边距具体分为上下左右 4 条，EdgeInsets.all 的作用是将这 4 条边距设为同一个值。除此之外，也可以通过 EdgeInsets.fromLTRB 分别进行设置，如方法名称中的缩写 LTRB，设置的顺序分别为左、上、右、下。具体代码如下：

```
Container(
  margin: EdgeInsets.fromLTRB(30, 8, 10, 8),
  color: Colors.yellow,
  child: FlutterLogo(size: 300),
)
```

代码运行效果如图 3-5 所示，可以看出左边距与上边距明显不同。

❺ 设置 Container 内边距

通过 Container 的 padding 属性进行内边距设置。内边距也是基于 EdgeInsets 进行设置的。

示例代码如下：

- 图 3-4 Container 指定外边距效果
- 图 3-5 Container 通过 fromLTRB 指定外边距效果

```
Container(
    margin: EdgeInsets.fromLTRB(30, 8, 10, 8),
    padding: EdgeInsets.all(30),
    color: Colors.yellow,
    child: FlutterLogo(size: 300),
),
```

代码运行效果如图 3-6 所示。与图 3-5 对比可以看出，Container 内部举例 FlutterLogo 的内边距明显加大了。

❻ 通过 BoxDecoration 添加边界

Container 支持装饰器机制，能够为容器添加更高级的样式效果，例如，添加边界、修改形状，以及添加阴影等。装饰器通过 Container 的 decoration 属性传入，Flutter 提供 BoxDecoration 类，封装了常用的样式定制功能。

例如，通过下面代码为 Container 添加一个圆角、带有红色边界的边框：

图 3-6 Container 指定内边距效果

```
Container(
    margin: EdgeInsets.all(8.0),
    child: FlutterLogo(size: 300),
```

```
decoration: BoxDecoration(
  color: Colors.yellow,
  border: Border.all(
    color: Colors.red,
    width: 3.0,
    style: BorderStyle.solid
  ),
  borderRadius: BorderRadius.circular(12.0)
),
),
```

其中，通过 BoxDecoration 的 border 属性指定边框，边
框类 Border 的创建方法与 EdgeInsets 有些类似，也分为
上、下、左、右 4 条边框，通过 Border.all 将 4 种指定为同
一个值。边框包含 3 个属性，分别是颜色、粗细，以及边
框样式。borderRadius 属性用于指定圆角，传入 BorderRa-
dius.circular 指定一个圆角值。

需要注意的一点是，上面代码中将 color 背景色移入
BoxDecoration 下，而不是像之前代码那样放在 Container
下。这是因为 Container 的 color 属性与 decoration 属性不能
同时指定。当指定 decoration 后，如果需要设置 Container
的背景色，由于其已被装饰器接管，因此要设置到装饰
器中。

运行代码效果如图 3-7 所示。

● 图 3-7 Container 指定边框效果

❼ 通过 BoxDecoration 修改形状

通过 BoxDecoration 的 shape 属性可以修改 Container 的形状。在本章的时钟实战项目中，即
通过这个属性实现圆形表盘的绘制。示例代码如下：

```
Container(
  margin: EdgeInsets.all(8.0),
  child: FlutterLogo(size: 300),
  decoration: BoxDecoration(
    color: Colors.yellow,
    shape: BoxShape.circle
  ),
)
```

代码运行效果如图 3-8 所示。

⑧ 通过 BoxDecoration 添加阴影效果

BoxDecoration 还支持向 Container 添加阴影，具体通过 boxShadow 属性，传入一个 BoxShad-ow 实例的列表。BoxShadow 用于描述阴影，其中 color 表示阴影颜色，offset 表示阴影偏移，blurRadius 表示阴影边缘的模糊程度。示例代码如下：

```
Container(
  margin: EdgeInsets.all(8.0),
  child: FlutterLogo(size: 300),
  decoration: BoxDecoration(
    color: Colors.yellow,
    boxShadow: [
      BoxShadow(
        color: Colors.grey[400],
        offset: Offset(10, 10),
        blurRadius: 15
      )
    ]
  ),
)
```

执行代码，效果如图 3-9 所示。本章后续实战项目中的新拟物设计风格也是通过 BoxShad-ow 属性实现的。

● 图 3-8 Container 指定形状效果

● 图 3-9 Container 指定阴影效果

▶▶ 3.1.2　使用 CustomPaint 创建 Flutter 自定义视图

像按钮、文本这些常见组件，都是"画"到屏幕上的。这里所说的"画"，与现实中人们绘画的过程是一样的。首先需要有一块画布（Canvas），之后使用画笔（Paint）在上面作画。不同之处是人们绘制的是自然的线条，而计算机绘制的是规整的矩形、直线、文本等。

自定义视图，就是由开发者通过程序来设定组件的绘制流程。为此，Flutter 提供了 CustomPaint 组件，它用于在界面中创建一个指定大小的 Canvas，并通过 painter 属性指定具体的作画流程。

创建一个新的 Flutter 工程作为 CustomPaint 学习工程，参照 2.5 节的实例代码替换 lib/main.dart。在后续小节中，只需要用对应的 CustomPaint 组件替换掉 Text 组件即可。

❶ CustomPaint 组件

CustomPaint 是 Flutter 中专门用于绘制自定义视图的组件，提供了对底层绘制 API 的访问能力。首先举一个简单的例子，在屏幕中绘制一个红色的圆圈，替换 MyHomePage 的代码如下：

```
class MyHomePage extends StatelessWidget {
  @override
  Widget build(BuildContext context) {
    return Scaffold(
      body: Center(
        child: CustomPaint(
          size: Size(200, 200),
          painter: RedCirclePainter(),
        ),
      ),
    );
  }
}

class RedCirclePainter extends CustomPainter {
  @override
  void paint(Canvas canvas, Size size) {
    var center = Offset(size.width / 2, size.height / 2);
    var paint = Paint()
      ..color = Colors.red
      ..style = PaintingStyle.stroke
      ..strokeWidth = 2;
    canvas.drawCircle(center, size.height / 2, paint);
  }
```

```
@override
bool shouldRepaint(CustomPainter oldDelegate) {
  return true;
}
}
```

运行显示效果如图 3-10 所示。

上面代码中的 RedCirclePainter 部分通过复写的 paint 方法指定具体的绘制过程。paint 方法包含两个参数：Canvas 是 Flutter 实际的画布类，Size 为此画布的大小。在绘制过程中，首先创建画笔实例 paint，并指定了颜色、填充类型及线条粗细。之后通过 canvas.drawCircle 方法传入圆心、半径及画笔，在画布上绘制出红色的圆圈。

CustomPaint 组件包含的属性见表 3-2。

表 3-2　CustomPaint 组件属性

属 性 名 称	类　　型	作　　用
painter	CustomPainter	自定义视图的具体绘制流程 流程指定方式为，对 CustomPainter 抽象类进行派生，实现 paint 方法
child	Widget	CustomPainter 本身可以作为布局，允许添加一个子组件
foregroundPainter	CustomPainter	自定义视图的具体绘制流程 与 painter 不同在于，foregroundPainter 绘制在 child 上层，painter 绘制在 child 下层
size	Size	若 child 未指定，则通过 size 指定组件大小

● 图 3-10　绘制红色圆圈

❷ Canvas 画布类

在 CustomPainter 的 paint 方法中的 canvas 参数，是用于绘制的画布。可以将画布看作一个二维坐标系，通过传入坐标在其上进行绘制。在 Flutter 中，坐标系的方向如图 3-11 所示。

除了绘制圆形之外，canvas 还提供了一系列绘制方法，用于在画布上绘制不同的图形元素。下面列举

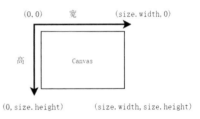

● 图 3-11　Canvas 坐标系

常用的绘制方法。

使用 drawLine 绘制直线，示例代码如下，只需要替换 paint 方法即可：

```
@override
void paint(Canvas canvas, Size size) {
  var start = Offset(0, 0);
  var end = Offset(size.width, size.height);
  var paint = Paint()
    ..color = Colors.red
    ..strokeWidth = 5;
  canvas.drawLine(start, end, paint);
}
```

运行效果如图 3-12 所示。

❸ Paint 画笔类

Paint 类用于控制在 Canvas 上绘制时的绘制样式。大多数 Canvas 绘制方法需要传入一个 Paint 对象，并按照 Paint 对象中的绘制样式进行绘制。

在前面的代码中已经用到了 Paint 类，通过其 color 属性更改颜色，通过 strokeWidth 属性更改线条粗细。

Paint 常用属性见表 3-3。

表 3-3　Paint 常用属性

属 性 名 称	类　　型	作　　用
color	Color	设置绘制颜色
strokeWidth	double	线条宽度
strokeJoin	StrokeJoin	线段夹角是否圆滑处理
strokeCap	StrokeCap	线段末端是否圆滑处理
shader	Shader	填充效果，可添加渐变或绘制图片
style	PaintingStyle	设置绘制类型 PaintingStyle.fill 表示填充绘制 PaintingStyle.stroke 表示边缘绘制

● 图 3-12　drawLine 直线
　　绘制效果

▶▶ 3.1.3　Flutter 动画入门与拟物时钟的开发流程

良好的用户体验是移动端应用的特色之一，移动端应用通常会加入大量动画元素提升应用的交互体验。Flutter 框架在设计时充分考虑了动画的重要性，提供了一个非常强大且易用的动画开发框架，能够快速开发出复杂动画，并高效执行。

所谓动画，实际上是屏幕上的元素以一定的时间间隔进行位置变换。由于时间间隔非常短，且移动的距离非常小，从人眼感受来看，这个过程是流畅平滑的。如果感到难以理解，可以在网络上查阅一下"定格动画"，这是一种历史悠久的动画形式，它的原理是将实物摆放好后进行拍照，之后对实物进行微调后再拍照，如此往复得到了大量照片，然后再以一定的速度播放这些照片，人眼感受到的就是流畅的动画。

❶ 动画要素

从开发角度来看，动画效果可以被拆解为值的变化。比如一个视图元素横向移动，实际上是这个元素的横坐标在移动，而横坐标的移动，可以被抽象为一个值随着时间变化，这个过程被称为插值。

从插值的角度，可将动画过程拆分为以下要素。

（1）起始值和终止值

以平移动画为例，起始值为元素的起始横坐标，终止值为元素在动画终止时刻的横坐标。

对于一个动画过程，开发者首先要指定起始值和终止值。对于变色动画来说，起始值为元素的起始颜色，终止值为动画终止时的目标颜色。

（2）插值

在动画过程中，从起始值到终止值的变化过程由插值器产生。插值器的作用是随着时间变化生成动画的中间状态，这一个过程称之为插值。

以平移动画为例，假设元素匀速运动，整个动画过程为 1s，在指定好起始值和终止值后，启动动画，插值器会根据当前时间计算此时元素应当处于哪个位置，并以回调的方式将这个值返回。开发者通常在回调中接收这个值，并通过 setState 方法更新元素的横坐标。

插值还分为匀速插值与变速插值。匀速插值比较好理解，从起始值以恒定的步长运动到终止值。而变速插值的步长是不固定的，从而形成变速运动效果。以变速平移为例，通过使用变速插值，可以让元素运动"先快后慢""先慢后快"，或者"先快，中间慢，最后再快"。

变速插值在移动应用中被广泛使用，常见的弹层、悬浮框等都大量采用变速插值进行展示、隐藏，能够给用户带来更加自然、流畅的使用体验。在本章的实战项目拟物时钟中，表针的转动就应用了变速插值，能让用户感受到表针像真实表针一样在转动，增强了拟物感。

（3）动画时长

动画时长指定整个动画的执行时间，决定了动画执行的快与慢。以平移动画为例，假设动画时长设置非常长，在同样的平移距离下，物体移动会非常缓慢。

（4）帧

屏幕是以帧进行渲染的，手机会以每秒 60 帧或更高的刷新率对屏幕进行刷新，称为帧率。看似连续的动画过程，实际是由插值器拆成离散的值后，通过 Flutter 的渲染机制渲染为离散的帧后展示出来的。只不过在 60 帧的帧率下人眼已经无法感受到离散帧的跳变了。目前市场上出现了高刷新率手机，能够达到每秒 90 帧、每秒 120 帧甚至更高的刷新率，能够给用户带来更加流畅的使用体验。

2 **AnimationController** 动画控制器

有了前面的知识铺垫后，接下来学习 Flutter 的动画框架。在 Flutter 中，针对不同的职责创建了不同的类，比如 AnimationController 用于动画控制，Tween 用于指定起始值和终止值，Curve 用于变速插值。通过将这些类结合在一起，共同组装出一个动画 Animation。在初学时可能会因为涉及的类和概念比较多而感到有些乱，实际上只要通过学习完成几个示例，就能够体会到这种架构划分的合理性与强大之处。

AnimationController 用于控制动画过程，职责是控制动画的启停。通过以下代码可以创建一个 AnimationController：

```
controller = AnimationController(
    duration: const Duration(seconds: 2),
    vsync: this);
```

在上面的代码中，传入了两个参数，duration 控制动画时长，vsync 是一个特殊参数，用于优化动画资源，实际传入类型为 TickerProvider。TickerProvider 会在后文中进行讲解，这里先介绍动画框架的使用。

AnimationController 创建完成后，通过 forward 可以启动动画：

```
controller.forward()
```

在页面退出时，如果有动画还在执行，会导致内存泄漏。AnimationController 提供了一个dispose 方法，用于销毁动画。AnimationController 的典型使用方法为在类中作为一个属性，在initState 中进行创建，在页面 dispose 时进行释放，如下面代码所示：

```
class _FooState extends State<Foo>
                with SingleTickerProviderStateMixin {
  AnimationController _controller;

  @override
  void initState() {
    super.initState();
    _controller = AnimationController(
      vsync: this, // the SingleTickerProviderStateMixin
      duration: widget.duration,
    );
  }

  @override
```

```
void dispose() {
  _controller.dispose();
  super.dispose();
}

...
}
```

在上述代码中，关于 SingleTickerProviderStateMixin 可暂时忽略，将在后文中进行讲解。

❸ 执行动画并打印插值过程

前面提到了插值的概念，AnimationController 中自带有一个匀速插值器，并且默认起始值为 0，终止值为 1。下面以一个实例介绍如何执行动画。创建一个组件，代码如下：

```
import 'package:flutter/material.dart';

class AnimationBasic extends StatefulWidget {
  @override
  State<StatefulWidget> createState() {
    return _AnimationBasicState();
  }
}

class _AnimationBasicState extends State<AnimationBasic>
                    with SingleTickerProviderStateMixin {
  AnimationController _animationController;

  @override
  void initState() {
    super.initState();
    _animationController = AnimationController(
      duration: Duration(seconds: 3),
      vsync: this);
    _animationController.addListener(() {
      print("插值:${_animationController.value}");
    });
    _animationController.forward();
  }
  @override
  void dispose() {
    super.dispose();
    _animationController.dispose();
  }
```

```
@override
Widget build(BuildContext context) {
  return Container();
}
}
```

运行代码，可以看到命令行中输出了插值，注意观察日志时间的变化：

```
12-19 07:11:42.467 I/flutter: 插值:0.06229233333333333
12-19 07:11:42.517 I/flutter: 插值:0.079182333333333334
12-19 07:11:42.557 I/flutter: 插值:0.090442333333333333
12-19 07:11:42.567 I/flutter: 插值:0.096072333333333333
12-19 07:11:42.597 I/flutter: 插值:0.101702333333333334
12-19 07:11:42.647 I/flutter: 插值:0.124222333333333334
12-19 07:11:42.667 I/flutter: 插值:0.129852333333333332
12-19 07:11:42.687 I/flutter: 插值:0.135482333333333334
12-19 07:11:42.697 I/flutter: 插值:0.141112333333333334
12-19 07:11:42.717 I/flutter: 插值:0.14674266666666666
...
```

❹ 使用 **Tween** 设置起始值与结束值

AnimationController 默认起始值为 0，结束值为 1，对于平移动画来说，希望能够自定义区间值。这时可使用 Tween 组件对起止值进行更改。在 Tween 的 animate 方法中，传入一个 AnimationController 实例。对 initState 方法进行修改，示例代码如下：

```
@override
void initState() {
  super.initState();
  _animationController = AnimationController(
    duration: Duration(seconds: 3),
    vsync: this);
  var animation = Tween(begin: 0.0, end: 100.0)
      .animate(_animationController);
  animation.addListener(() {
    print("插值: ${animation.value}");
  });
  _animationController.forward();
}
```

在上面的代码中，修改了插值监听回调的添加位置，之前是在 AnimationController 上添加监听，现在是在 Tween.animate 返回的 animation 对象上监听，同时取插值也改成了从 animation 对象中获取。运行代码，命令行输出日志如下：

```
I/flutter (10118): 插值:7.3031
I/flutter (10118): 插值:8.428099999999999
I/flutter (10118): 插值:8.9906
I/flutter (10118): 插值:9.553099999999999
I/flutter (10118): 插值:10.1156
I/flutter (10118): 插值:11.2406
I/flutter (10118): 插值:11.8031
I/flutter (10118): 插值:12.3656
I/flutter (10118): 插值:12.9281
I/flutter (10118): 插值:13.4906
I/flutter (10118): 插值:14.053099999999999
...
```

❺ 完成平移动画

到目前为止都是在打印插值数值，build 方法的布局中只有一个静态的 Container 方法。下面创建一个矩形，并使其平移运动起来。修改组件如下：

```
class _AnimationBasicState extends State<AnimationBasic>
                    with SingleTickerProviderStateMixin {
  AnimationController _animationController;
  double left = 0;

  @override
  void initState() {
    super.initState();
    _animationController = AnimationController(
      duration: Duration(seconds: 3),
      vsync: this);
    var animation = Tween(begin: 0.0, end: 100.0)
       .animate(_animationController);
    animation.addListener(() {
      this.setState(() {
        left = animation.value;
      });
    });
    _animationController.forward();
  }

  ...

  @override
  Widget build(BuildContext context) {
    return Stack(
      children: [
```

```
Positioned(
    left: left,
    child: Container(
        width: 40, height: 40,
        color: Colors.red,),
    )
  ],
);
}
}
```

再次运行代码，可看到红色矩形的平移运动，具体如图 3-13 所示。

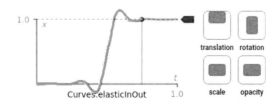

⑥ CurvedAnimation 变速插值

前面介绍的 AnimationController 功能为匀速插值，如果要实现变速插值，需要使用 CurvedAnimation。

CurvedAnimation 的功能建立在 AnimationController 之上，在创建变速动画时，首先要创建一个 AnimationController 实例，之后再创建 CurvedAnimation 实例，并将 AnimationController 传入 CurvedAnimation 的构造方法。示例代码如下：

```
controller = AnimationController(
    duration: const Duration(seconds: 2),
    vsync: this);
animation = CurvedAnimation(
    parent: controller,
    curve: Curves.easeIn)
```

● 图 3-13　视图平移动画

在上面的代码中，CurvedAnimation 还接收一个 curve 参数，用于传入变速插值曲线。在Flutter 中预设了数十种变速曲线，可访问 https://api.flutter.dev/flutter/animation/Curves-class.html 进行查看。以 Curves.elasticInOut 为例，其变速曲线如图3-14 所示。

● 图 3-14　Curves.elasticInOut 变速曲线

在平移动画示例中，修改 initState 方法，实现变速动画，具体代码如下：

```
@override
void initState() {
  super.initState();
  _animationController = AnimationController(
    duration: Duration(seconds: 3),
    vsync: this);
  var animation = Tween(begin: 0.0, end: 100.0)
    .animate(CurvedAnimation(
    parent: _animationController,
    curve: Curves.elasticInOut
  ));
  animation.addListener(() {
    this.setState(() {
      left = animation.value;
    });
  });
  _animationController.forward();
}
```

再次运行程序，可以看到红色方块由匀速运动变为变速运动，并且按照 Curves.elasticInOut 的变速曲线实现了一种类似于蓄力冲刺的运动效果，使得原本平淡无奇的动画变得富有动感。

⑦ TickerProvider

之所以将 TickerProvider 放到后面来讲，是因为它与动画的创建与使用关系不大，而是与动画的底层渲染相关。通过前面的小节完成了对 Flutter 动画的入门后，本节重点介绍 TickerProvider。

为了更好地理解 Flutter 的 TickerProvider 机制，先设想如果由开发者自己实现一个动画框架，会是什么样子呢？首先需要创建一个定时器，每次触发时根据触发时间计算插值器的值，并对上层进行回调。问题在于定时器的时间间隔，如果间隔太长，比如 500ms 刷新一次，假设一个动画总共时长才 1s，即它在动画过程中只插值了一个中间点，从用户角度看相当不流畅。如果间隔设置太短，比如 0.1ms 刷新一次，这样能够在动画过程中插入足够的中间点，保证动画的流畅性，但是屏幕的刷新率是固定的（60Hz、120Hz），如果动画的刷新率高于屏幕刷新率，多出来的中间点用户是看不到的，白白增加了性能损耗。

最好的方式是什么样的呢？是动画的间隔跟屏幕的刷新率保持一致，保证每次动画中间状态的更新都被渲染在屏幕上，这就是 TickerProvider 的作用。在 Flutter 动画框架中，包含以下概念。

- Ticker：会在每帧开始时触发回调。

- TickerProvider：通常实现为 SingleTickerProviderStateMixin，是对 Ticker 进行封装。

通过向 AnimationController 中传入 TickerProvider，就能监听屏幕刷新，保证动画的刷新率与屏幕刷新率一致。这样，既避免了动画刷新慢导致的不流畅，也避免了刷新过快导致的资源浪费。

8 使用 **AnimatedBuilder** 高效开发动画

前面介绍了创建动画的方法，即使用 AnimationController，结合 Tween、CurvedAnimation 创建动画效果。这是一种通用的动画创建机制，通过组合能够创建出复杂的动画效果。

但是在实际中，AnimationController 需要在类中通过属性持有，需要在 initState 和 dispose 中进行初始化与销毁，使用起来比较烦琐。有没有一种更加简单、高效的动画开发方式呢？答案是肯定的，Flutter 提供了 AnimatedBuilder 用于以组件化的形式创建动画。

比较常用的是 TweenAnimationBuilder，它通过几个属性对动画进行配置，tween 属性用于设置动画的起止值，curve 属性用于设置变速曲线，duration 属性设置动画时长，builder 属性接收一个回调方法，在方法参数中含有插值，在函数中更新组件的最新状态并返回。使用 Tween-AnimationBuilder 实现弹性平移动画的代码如下：

```
class _AnimatedBuilderBasicState extends State<AnimatedBuilderBasic> {

  @override
  Widget build(BuildContext context) {
    return Stack(
      children: [
        TweenAnimationBuilder(
          tween: Tween<double>(begin: 0, end: 100),
          curve: Curves.elasticInOut,
          duration: Duration(seconds: 3),
          builder: (BuildContext context, double left, Widget child) {
            return Positioned(
              left: left,
              child: Container(
                width: 40, height: 40,
                color: Colors.red,),
            );
          })
      ],
    );
  }
}
```

在上面的代码中，可以看出通过使用 TweenAnimationBuilder，代码量有所降低，同时也实现了统一的组件化编程风格，提高了开发效率和代码质量。

有了理论开发知识作为铺垫，下面进行拟物时钟的产品功能构思。拟物时钟是一款仿照现实的时钟，同时带有拟物化设计风格。移动端设计风格经历过从拟物化到扁平化的转变，近年来在扁平化的基础上诞生了一种新拟物化设计风格，非常美观。在拟物时钟项目中，使用这种新拟物设计风格。

拟物时钟的原型图如图 3-15 所示。其中包含时针与分针用于指示时间，还包括一个文本框，用于展示当前的日期。原型图仅用于示意产品的功能，因此看起来有些

● 图 3-15　拟物时钟原型图

"简陋"，通过在接下来实战中添加拟物设计样式，会让最终的效果变得"潮"起来。

3.2　基于 Canvas 和 CustomPaint 绘制表盘

有了前面理论知识的铺垫，接下来正式开始拟物时钟的开发实战。首先创建一个新的工程，并修改 lib/main.dart 的代码与 3.1.1 小节中的初始代码相同。

本节进行表盘的绘制，表盘采用单独的组件进行封装。在 lib 下创建 components 目录，用来容纳项目中的组件，在 components 下创建 ClockPanel.dart。

表盘由 3 部分组成，分别是外表盘、内表盘及表盘刻度。

▶▶ 3.2.1　使用 Container 绘制外表盘

外表盘基于 Container 组件实现，通过 decoration 设置形状为原型，并通过多个 BoxShadow 设置新拟物的阴影效果。

```
import 'package:flutter/material.dart';

class ClockPanel extends StatelessWidget {
  final Size size;
  ClockPanel(this.size);

  Widget getOuterPanel() {
    return Container(
      height: size.width,
      width: size.height,
      decoration: BoxDecoration(
        color: Colors.grey[300],
        shape: BoxShape.circle,
```

```
            boxShadow: [
              BoxShadow(
                color: Colors.white,
                offset: const Offset(-5.0, -5.0),
                blurRadius: 15.0,
              ),
              BoxShadow(
                color: Colors.grey[400],
                offset: const Offset(5.0, 5.0),
                blurRadius: 15.0,
              ),
            ]
          )
        );
    }

    @override
    Widget build(BuildContext context) {
      return Stack(
        alignment: Alignment.center,
        children: <Widget>[
          getOuterPanel(),
        ],
      );
    }
  }
```

其中，ClockPanel 的根布局是一个 Stack 组件，是一种层级布局组件，外表盘位于最底层，刻度位于最上层。在 Stack 的 children 属性中，各个部分的布局都通过函数封装起来，以提高代码的清晰性和可读性。getOuterPanel 方法即绘制外表盘。ClockPanel 接受一个 size 属性，表示表盘的大小，在 getOuterPanel 中以 size 作为 Container 容器的大小。

回到 lib/main.dart 中对 MyHomePage 进行修改。将 Scaffold 的 body 组件替换为 Stack，用于逐层摆放表盘与指针。同时将 ClockPanel 作为 Stack 的第一个元素。在 build 方法中，首先通过 MediaQuery 获取到屏幕的宽高，并封装为 Size 对象传入 ClockPanel。这里对宽高均乘以 0.9 的因子，在屏幕两侧留取余量，使其显示更加美观。具体代码如下：

```
class MyHomePage extends StatelessWidget {
  @override
  Widget build(BuildContext context) {
    final screenWidth = MediaQuery.of(context).size.width;
    final clockSize = Size(screenWidth * 0.9, screenWidth * 0.9);
```

```
    return Scaffold(
      backgroundColor: Colors.grey[300],
      body: Center(
        child: Stack(
          alignment: Alignment.center,
          children: <Widget>[
            ClockPanel(clockSize),
          ],
        ),
      ),
    );
  }
}
```

运行代码，显示效果如图 3-16 所示，可以看出新拟物效果非常赏心悦目。

● 图 3-16　外表盘运行效果

▶▶ 3.2.2　使用 Container 绘制内表盘

外表盘通过 Container 的 BoxShadow 营造出凸起效果，内表盘则要营造出凹陷的效果。内表盘同样也基于 Container 实现，主要通过 BoxDecoration 的 RadialGradient 来设置渐变色。具体实现如下：

```
import 'package:flutter/material.dart';

class ClockPanel extends StatelessWidget {
  final Size size;

  ClockPanel(this.size);
```

```
Widget getOuterPanel() { ··· }
Widget getInnerPanel() {
  return Stack(
    children: <Widget>[
      Container(
        height: size.width * 0.9,
        width: size.height * 0.9,
        decoration:BoxDecoration(
          shape: BoxShape.circle,
          color: Colors.grey[300],
          gradient:RadialGradient(
            colors: [
              Colors.white.withOpacity(0.0),
              Colors.grey[400]
            ],
            center: AlignmentDirectional(0.1, 0.1),
            focal: AlignmentDirectional(0.0, 0.0),
            radius: 0.65,
            focalRadius: 0.001,
            stops: [0.3, 1.0]
          ),
        ),
      ),
      Container(
        height: size.width * 0.9,
        width: size.height * 0.9,
        decoration:BoxDecoration(
          shape: BoxShape.circle,
          color: Colors.grey[300],
          gradient:RadialGradient(
            colors: [
              Colors.white.withOpacity(0.0),
              Colors.white
            ],
            center: AlignmentDirectional(-0.1, -0.1),
            focal: AlignmentDirectional(0.0, 0.0),
            radius: 0.67,
            focalRadius: 0.001,
            stops: [0.75, 1.0]
          )
        ),
      )
    ],
```

```
      );
    }

    @override
    Widget build(BuildContext context) {
      return Stack(
        alignment: Alignment.center,
        children: <Widget>[
          getOuterPanel(),
          getInnerPanel()
        ],
      );
    }
  }
```

其中，getInnerPanel 为内表盘绘制方法，内表盘由两个 Container 通过 Stack 叠加而成。每个 Container 分别带有一个渐变效果。两个 Container 的长和宽再次乘以 0.9 的因子，作为表框的宽度。

运行代码效果如图 3-17 所示，可以看出表盘已经基本成型。

▶▶ 3.2.3 使用 CustomPaint 绘制表盘刻度

完成表盘之后，接下来进行表盘刻度的绘制。有了刻度能够更加精确地显示时间。刻度通过 CustomPaint 组件绘制而成。

● 图 3-17　内表盘运行效果

在 ClockPanel 中继续创建一个 getScale 方法，用于绘制表盘刻度，代码实现如下：

```
  Widget getScale() {
    return CustomPaint(
      size: size,
      painter: ClockScalePainter(),
    );
  }
```

其中，ClockScalePainter 类包含了刻度的具体绘制方法，接下来创建这个类。将 ClockScale-Painter 类的代码写在 ClockPanel 类之后即可。在 ClockScalePainter 的 paint 方法中，首先创建一个 Paint 画笔，指定线条的颜色与粗细。之后通过 canvas 的 drawLine 方法进行画线操作，根据 12、3、6、9 点的位置坐标进行画线。代码实现如下：

```
  class ClockScalePainter extends CustomPainter {
    @override
```

```dart
void paint(Canvas canvas, Size size) {
  Paint scalePaint = Paint()
      ..color = Colors.black54
      ..strokeWidth = 3;

  canvas.drawLine(
    Offset(size.width * 0.5, size.height * 0.12),
    Offset(size.width * 0.5, size.height * 0.06),
    scalePaint);

  canvas.drawLine(
      Offset(size.width * 0.5, size.height * 0.94),
      Offset(size.width * 0.5, size.height * 0.88),
      scalePaint);

  canvas.drawLine(
      Offset(size.width * 0.06, size.height * 0.5),
      Offset(size.width * 0.12, size.height * 0.5),
      scalePaint);

  canvas.drawLine(
      Offset(size.width * 0.88, size.height * 0.5),
      Offset(size.width * 0.94, size.height * 0.5),
      scalePaint);
}

@override
bool shouldRepaint(CustomPainter oldDelegate) {
  return true;
}
}
```

接下来，在 ClockPanel 类的 build 方法中，将 getScale 方法添加进去：

```dart
@override
Widget build(BuildContext context) {
  return Stack(
    alignment: Alignment.center,
    children: <Widget>[
      getOuterPanel(),
      getInnerPanel(),
      getScale()
    ],
  );
}
```

再次运行代码，显示效果如图 3-18 所示。

• 图 3-18　表盘添加刻度后效果

至此，表盘部分开发完成。

3.3　基于 CustomPaint 绘制指针

表盘绘制完成后，接下来进行指针的绘制。时钟的表针包括时针、分针和秒针。其中，时针和分针的外观类似，只是长度与粗细不同，因此可以封装出一个统一的组件，通过差异化参数实现。秒针则单独创建一个组件来实现。

因此在本节中将用两个组件实现这三种指针。

▶▶ 3.3.1　使用 CustomPaint 绘制时针与分针

在 components 目录下创建 ClockHand. dart，作为时针与分针的组件。由于时针与分针外观相似，区别只是长度与宽度不同，因此采用一个简单的设计模式，将差异化参数由外界传入即可。

在 ClockHand 组件的构造函数中，需要传入表盘尺寸、表针类型，以及时分秒信息。在 build 方法中则创建 CustomPaint 组件，其中用于绘制的类是 ClockHandPainter。在 ClockHand-Painter 的 paint 方法中，首先取出差异化参数，之后通过坐标计算的方式，计算出表针的起始坐标 handStart、终止坐标 handEnd，最终通过 canvas 的 drawLine 完成绘制操作。

具体代码如下：

```
import 'package:flutter/material.dart';
```

```
enum ClockHandType {
  hour,
  minute
}

const clockHandParams = {
  ClockHandType.hour: {
    "lengthFactor": 0.32,
    "width": 5.0,
  },
  ClockHandType.minute: {
    "lengthFactor": 0.2,
    "width": 3.0,
  }
};

class ClockHand extends StatelessWidget {
  final Size clockSize;
  final ClockHandType handType;
  final int minute;
  final int hour;
  final int second;

  ClockHand(this.clockSize, this.handType,
            this.hour, this.minute, this.second);

  @override
  Widget build(BuildContext context) {
    return CustomPaint(
      size: clockSize,
      painter: ClockHandPainter(handType),
    );
  }
}

class ClockHandPainter extends CustomPainter {
  final ClockHandType handType;

  ClockHandPainter(this.handType);

  @override
  void paint(Canvas canvas, Size size) {
    final handConfig = clockHandParams[handType];
    final lengthFactor = handConfig['lengthFactor'];
```

```
    final width = handConfig['width'];

    var handPaint = Paint()
      ..color = Colors.black54
      ..strokeCap = StrokeCap.round
      ..strokeWidth = width;


    var handStart = Offset(size.width * 0.5, size.height * 0.5);
    var handEnd = Offset(size.width * 0.5, size.height * lengthFactor);

    canvas.drawLine(handStart, handEnd, handPaint);
  }

  @override
  bool shouldRepaint(CustomPainter oldDelegate) {
    return true;
  }
}
```

表针组件创建好后，需要将它们添加到表盘上。来到 lib/main.dart 的 _MyHomePageState，首先创建一个类型为 DateTime 的状态 now，用于表示当前时间，对应代码如下：

```
class _MyHomePageState extends State<MyHomePage> {

DateTime now = DateTime.now();

...
```

之后修改 MyHomePageState 的 build 方法，将创建好的表针组件添加两次，分别传入不同的枚举类型。导入组件需要在代码顶部 import 对应的文件，这一步 IDE 会自动提示，并进行自动补全。具体代码如下：

```
@override
Widget build(BuildContext context) {
  final screenWidth = MediaQuery.of(context).size.width;
  final clockSize = Size(screenWidth * 0.9, screenWidth * 0.9);

  return Scaffold(
    backgroundColor: Colors.grey[300],
    body: Center(
      child: Stack(
        alignment: Alignment.center,
        children: <Widget>[
          ClockPanel(clockSize),
```

```
        ClockHand(clockSize, ClockHandType.minute,
            now.hour, now.minute, now.second),
        ClockHand(clockSize, ClockHandType.hour,
            now.hour, now.minute, now.second),
      ],
    ),
  ),
 );
}
```

运行代码，显示效果如图 3-19 所示。

● 图 3-19　时针与分针运行效果

▶▶ 3.3.2　使用 rotate Transform 偏转指针

上一小节中绘制的指针，始终指向 12 点位置，并没有按照真实时间偏转，本节来实现这一功能。

具体的思路是根据当前指针的类型，如果是时针则看当前时间在 12h（转动一周）中的占比，得到一个比例，与一周的角度 2π 相乘，得出时针偏转角度。分针也是类似，区别在于分针是拿当前分钟与 60min 相除。

比如当前为 13：30，按照上面的算法，得到时针是 1，对应偏转角度为 $2\pi/12$，即指向表盘"1 点"刻度位置。得到分针是 30，对应偏转角度为 $2\pi/60 * 30$，即指向表盘 30min 刻度位置。

但是这个算法并不完美。如果观察现实中的表盘，会发现时针并不是跳变的，更多的时候它会指向"两点"之间，比如 13：30，现实中的时针会指向"1 点"与"2 点"之间。

因此需要对算法进行完善，对于时针来说，可以算出"点"与"点"之间的角度为36°，已知分针走满60min，时针前进一格，因此算出当前分钟与60min的占比，将这个比例与36°相乘，可得当前时钟的中间角度。分针同理。

算法设计完成后，具体代码实现如下：

```
@override
Widget build(BuildContext context) {
  double endAngle;

  if (handType == ClockHandType.minute) {
    endAngle = 2 * pi / 60 * minute + 2 * pi / 360 * 6 * (second / 60);
  } else if (handType == ClockHandType.hour) {
    endAngle = 2 * pi / 12 * hour + 2 * pi / 360 * 30 * (minute / 60);
  }

  return Transform.rotate(
    angle: endAngle,
    child: CustomPaint(
      size: clockSize,
      painter: ClockHandPainter(handType),
    ),
  );
}
```

其中，pi 为 Dart 中预置的常量，可直接引用。Transform.rotate 用于对组件进行偏转，通过 angle 属性指定偏转角度，child 为被偏转组件，即表针组件。

运行代码，得到效果如图 3-20 所示。

● 图 3-20   时针与分针偏转效果

▶▶ 3.3.3 使用 CustomPaint 绘制秒针

本小节进行秒针的绘制。秒针的绘制原理与时针、分针相同，都是通过 CustomPaint 进行绘制，不同之处在于秒针的绘制更加复杂一些，由圆形与线段组合而成，因此也更加美观一些。

在 lib/components 目录下创建 ClockHandSecond.dart 秒针组件，具体代码如下：

```dart
import 'package:flutter/material.dart';

class ClockHandSecond extends StatelessWidget {
  final Size clockSize;
  final int second;

  ClockHandSecond(this.clockSize, this.second);

  @override
  Widget build(BuildContext context) {
    return CustomPaint(
      size: clockSize,
      painter: SecondHandPainter(),
    );
  }
}
class SecondHandPainter extends CustomPainter {
  static const HAND_WIDTH = 2.0;

  @override
  void paint(Canvas canvas, Size size) {
    var handPaint = Paint()
      ..color = Colors.red
      ..strokeCap = StrokeCap.round
      ..strokeWidth = HAND_WIDTH;
    var handStart = Offset(size.width * 0.5, size.height * 0.65);
    var handEnd = Offset(size.width * 0.5, size.height * 0.1);
    canvas.drawLine(handStart, handEnd, handPaint);

    var circlePaint = Paint()
      ..color = Colors.red
      ..style = PaintingStyle.fill;
    var center = Offset(size.width * 0.5, size.height * 0.65);
    canvas.drawCircle(center, 6.0, circlePaint);
  }
```

```
    @override
    bool shouldRepaint(CustomPainter oldDelegate) {
      return true;
    }
  }
```

其中，秒针的具体绘制类为 SecondHandPainter，在 paint 方法中，首先创建 handPaint，通过 canvas 的 drawLine 方法绘制红色的表针。之后再创建 circlePaint，并设置 style 为 Painting-Style.fill，在绘制圆形时会对内部进行填充，颜色同样为红色。之后通过 canvas 的 drawCircle 将圆形绘制在表针的尾部。

来到 lib/main.dart 的_MyHomePageState，将秒针添加到布局中，代码如下：

```
@override
Widget build(BuildContext context) {
  final screenWidth = MediaQuery.of(context).size.width;
  final clockSize = Size(screenWidth * 0.9, screenWidth * 0.9);

  return Scaffold(
    backgroundColor: Colors.grey[300],
    body: Center(
      child: Stack(
        alignment: Alignment.center,
        children: <Widget>[
          ClockPanel(clockSize),
          ClockHand(clockSize, ClockHandType.minute,
              now.hour, now.minute, now.second),
          ClockHand(clockSize, ClockHandType.hour,
              now.hour, now.minute, now.second),
          ClockHandSecond(clockSize,now.second),
        ],
      ),
    ),
  );
}
```

运行代码，效果如图 3-21 所示。

由于尚未添加转动变换，秒针只能指向默认位置。在后续小节中，将通过动画的方式来实现秒针自然转动的动画效果。

▶▶ 3.3.4 使用 CustomPaint 绘制中心装饰物

表盘中心几个表针的交汇处不太美观，本节通过 CustomPaint 再绘制一个新拟物风格的小圆盘作为遮挡，提升视觉效果。

● 图 3-21　秒针运行效果

在 lib/components 下创建 ClockCenter.dart，其代码为：

```dart
import 'package:flutter/material.dart';

class ClockCenter extends StatelessWidget {
  @override
  Widget build(BuildContext context) {
    return Container(
      width: 10.0,
      height: 10.0,
      decoration: BoxDecoration(
        shape: BoxShape.circle,
        color: Colors.grey[300],
        boxShadow: [
          BoxShadow(
            color: Colors.white,
            offset: const Offset(0, 0),
            blurRadius: 3.0
          ),
          BoxShadow(
            color: Colors.grey[400],
            offset: const Offset(1.5, 1.5),
            blurRadius: 3.0
          )
        ]
      ),
    );
  }
}
```

按照前几节的方法，将它添加到 lib/main.dart 下的_MyHomePageState，运行代码效果如图 3-22 所示。

● 图 3-22　中心装饰物运行效果

3.4　让时针动起来

通过前面几节的学习，已经完成了表盘与表针的绘制，同时时针与分针也已经能够指向正确的时间，但是秒针却始终固定不动。细心的读者还会发现，时针与分针的指向也固定在了程序运行时的时刻，并没有随着时间的流逝而转动。这是因为_MyHomePageState 的 now 状态只在创建实例时创建了一次，没有再进行更新。针对这些问题，本节将通过定时器与动画的方式来解决。

▶▶3.4.1　使用 DateTime 获取时间信息

在前面小节中已经用到了_MyHomePageState 的 now 状态，其类型为 DateTime，这是 Dart 中用于表示时间的类。本小节先对 DateTime 进行简单的介绍。

通过 DateTime.now( )能够获取当前时刻。

除此之外，也可以通过 DateTime.parse 方法，从日期字符串中生成 DateTime 示例：

```
var dt = DateTime.parse('2020-08-08 23:18:00');
print(dt); //返回 2020-08-08 23:18:00.000
```

需要注意的是，DateTime 采用 24h 制记录时间。

DateTime 创建好后，可以通过访问属性的方式，获取年月日等信息：

```
print('年: ${dt.year}');          // 年: 2020
print('月: ${dt.month}');         // 月: 8
print('日: ${dt.day}');           // 日: 8
print('时: ${dt.hour}');          // 时: 23
print('分: ${dt.minute}');        // 分: 18
print('秒: ${dt.second}');        // 秒: 0
print('星期几: ${dt.weekday}');    // 星期几: 6
```

这个用法在前面的代码中已经出现过，各个指针组件所需要的时间信息，就是通过这种方式传入的。需要注意的是，在 Dart 中，日和月都是从 1 开始计数，星期几也是从星期一作为起始，并且星期一 DateTime.Monday 常量所对应的值为 1。

在使用时间时需要注意时间所对应的时区，对于国际化应用而言尤为重要。前面通过 parse 方法和 now 方法创建的 DateTime 均为本地时间，是运行设备的时区下的时间。除了本地时间外，还有一种 UTC 时间，它是与时区无关的时间，同一时刻在全球不同时区下，获取到的 UTC 时间相同。

UTC 时间可以通过 utc 方法进行获取，同时可以通过 DateTime 的 isUtc 属性判断是否是 UTC 时间：

```
var dt2 = DateTime.now();
print(dt2.isUtc); //false

var dt3 = DateTime.utc(2020, 8, 8);
print(dt3.isUtc); //true
```

对于两个 DateTime，可以进行时间先后的对比：

```
print(dt2.isAfter(dt3));             // true
print(dt2.isBefore(dt3));            // false
print(dt2.isAtSameMomentAs(dt3));    // false
```

DateTime 支持加减运算，通过传入一个 Duration 对象，可以算出一段时间之后或者之前的 DateTime。示例代码如下：

```
var dt4 = DateTime.now();
// 2020-08-09 12:17:18.219
print(dt4);
// 2020-09-08 12:17:18.219
print(dt4.add(Duration(days: 30)));
// 2020-07-10 12:17:18.219
print(dt4.subtract(Duration(days: 30)));
```

▶▶ 3.4.2　通过 Timer 定时器实现时间自动刷新

前面说到_MyHomePageState 的 now 状态只在创建实例时创建了一次，没有再更新。本小节为 MyHomePageState 创建一个定时器，以 1s 为间隔进行触发，每次触发时对 now 属性进行更新。这样每次 now 更新，通过 Flutter 的组件化机制，各个表针组件中的属性也会自动进行更新，并触发对应的 build 方法，将表针偏转到最新的角度。

在 Dart 中，定时器通过 Timer 类进行创建。Timer 分为单次触发与重复触发两种，在本节中使用后者。具体创建方法为，首先在_MyHomePageState 中创建一个 Timer 状态，在 initState 生命周期中进行定时器创建。定时器创建时接收两个参数：一个是触发间隔，类型为 Duration；一个是回调函数，每隔 1s 都会触发回调函数。在回调函数中，通过组件的 setState 方法对 now 状态进行刷新。在组件的 dispose 生命周期中，通过定时器的 cancel 方法对其进行关闭。具体代码如下：

```
class _MyHomePageState extends State<MyHomePage> {

  DateTime now = DateTime.now();
  Timer timer;

  @override
  void initState() {
    super.initState();

    timer = Timer.periodic(
      Duration(seconds: 1),
      (timer) {
        setState(() {
          now = DateTime.now();
        });
      });
  }

  @override
  void dispose() {
    super.dispose();
    timer.cancel();
  }
  ...
```

再次运行代码，将手机放置一段时间，可以看到时针与分针能够实时指向正确的时间了。

▶▶ 3.4.3　通过 RotationTransition 实现指针转动动画

时钟的秒针相对于时针与分针变化更加频繁，因此秒针的效果对于整个时钟来说十分关键。本小节通过动画的方式，实现模拟现实秒针的跳动效果。来到 lib/components/ClockHandSecond.dart。

　　在之前的代码中，传入的 second 属性没有使用，秒针始终指向零点。修改 build 方法，根据 second 计算出当前时刻与下一时刻的起始角度和结束角度，使用 TweenAnimationBuilder 的方式来创建一个动画插值，在它的 builder 方法中返回一个被 Transform.rotate 封装的秒针组件。TweenAnimationBuilder 能够在一定的时间内不断触发 Transform.rotate 并传入新的角度，这样渲染到界面上用户即可看到转动的动画效果。具体代码如下所示：

```
@override
Widget build(BuildContext context) {
  debugPrint(second.toString());
  var beginAngle = 2 * pi / 60 * (second - 1);
  var endAngle = 2 * pi / 60 * second;

  return TweenAnimationBuilder<double>(
      key: ValueKey('normal'),
      duration: Duration(milliseconds: 300),
      curve: Curves.easeInQuint,
      tween: Tween<double>(begin: beginAngle, end: endAngle),
      builder: (context, anim, child) {
        return Transform.rotate(
          angle: anim,
          child: CustomPaint(
            size: clockSize,
            painter: SecondHandPainter(),
          ),
        );
      });
}
```

　　运行代码效果如图 3-23 所示。

　　细心的读者会发现运行效果存在问题，当秒针每转满一圈开始下一圈时，会突然倒转一圈，之后又恢复正常。这是因为 DateTime 的 second 从 0 开始计数，当 second 取值为 59、0 时，endAngle 和 beginAngle 值并不相等，两者差了 2π。一种解决的方法为，针对 second 为 0 的情况单独创建一段动画进行处理。具体代码实现如下：

```
@override
Widget build(BuildContext context) {
  var beginAngle = 2 * pi / 60 * (second - 1);
  var endAngle = 2 * pi / 60 * second;
  if (second == 0) {
    return TweenAnimationBuilder<double>(
```

● 图 3-23　秒针动画偏转效果

```
      key: ValueKey('prevent overlap'),
      duration: Duration(milliseconds: 300),
      curve: Curves.easeInQuint,
      tween: Tween<double>(begin: beginAngle, end: endAngle),
      builder: (context, anim, child) {
        return Transform.rotate(
          angle: anim,
          child: CustomPaint(
            size: clockSize,
            painter: SecondHandPainter(),
          ),
        );
      });
  }

  return TweenAnimationBuilder<double>(
      key: ValueKey('normal'),
      duration: Duration(milliseconds: 300),
      curve: Curves.easeInQuint,
      tween: Tween<double>(begin: beginAngle, end: endAngle),
      builder: (context, anim, child) {
        return Transform.rotate(
          angle: anim,
          child: CustomPaint(
            size: clockSize,
            painter: SecondHandPainter(),
          ),
        );
      });
  }
```

3.5 拟物时钟知识拓展

        本章首先学习了 Container 组件，它是 Flutter 开发中最常用的布局组件，功能强大、定制性强，能够实现复杂的布局效果。在拟物时钟的实战中，基于 Container 实现了新拟物风格的表盘绘制，作为对 Container 强大能力的一个展示。

    在 UI 开发中，一些定制性强的 UI 设计，往往无法通过现有组件定制而成。此时需要通过更底层的接口将 UI "画" 出来。在 Flutter 中，这个工作由 CustomPaint 完成。在实战中，基于 CustomPaint 绘制了表针、表盘刻度。

之后,使用了 Transform.rotate 变换对组件进行旋转。对于秒针,在变换的基础之上,通过插入补间动画,使其实现了更加自然、流畅的动画效果,达到更好的视觉效果。

拟物时钟虽然开发完了,但仍然有很多可以完善的点。这里作者布置几个思考题,供读者进一步提高与巩固。

1)表盘刻度只绘制了 3、6、9、12 点,并不全,还差其他整点及分钟小刻度。完善 ClockScalePainter,通过坐标运算完成表盘全刻度绘制。

2)新拟物设计风格非常强调阴影。目前表针是没有阴影的,思考如何为表针添加阴影。提示:阴影也可以看作是转动的表针,位于图层的下方,同时始终带有一个偏移量,位于表针的右下方,可借助 Transform 实现。对于阴影的绘制可基于 CustomPaint,也可基于 Container,后者能够实现更加自然的阴影效果。

3)在本章开头的原型图中,设计了一个日期显示区域,思考创建一个日期展示组件,将其放到表盘上的指定位置。

新拟物设计风格作为一种当下热门的设计风格,非常赏心悦目。在工作、学习的时候,打开拟物时钟放在桌上,相信一定能够为书桌增添一份格调,也增添一份好心情。

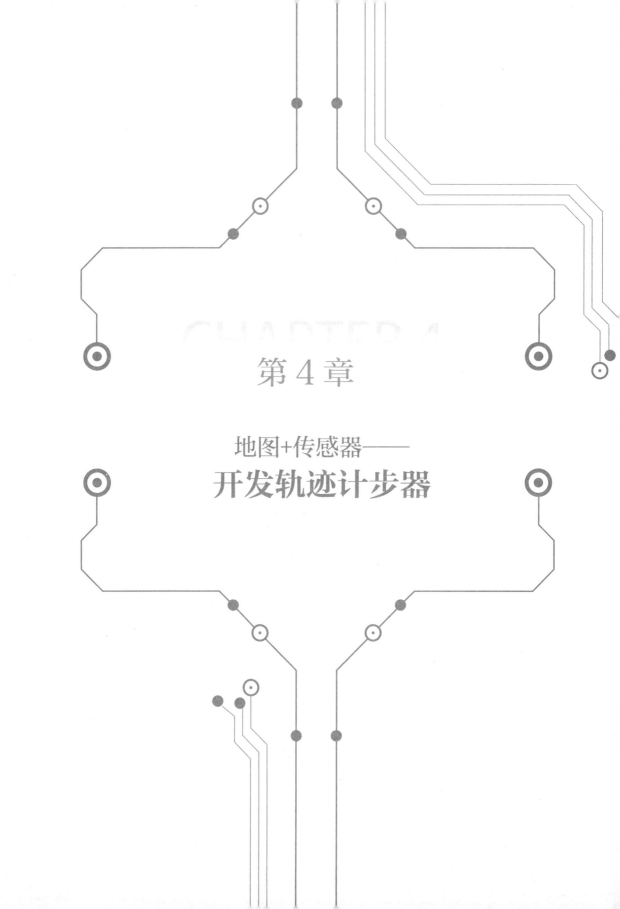

第 4 章

地图+传感器——
开发轨迹计步器

Flutter 框架的布局搭建能力非常出色，提供了大量布局和视图组件，能够高效地搭建出精美的视图效果。然而，对于移动应用来说，UI 界面只是其中的一部分。智能手机通常搭载多种传感器，比如 GPS 导航定位、计步器、重力传感器等，可将其概括为系统原生能力。许多移动应用的功能都建立在原生能力之上，比如本章的轨迹计步器实例，需要访问手机的 GPS 定位传感器和计步器传感器。

不同手机操作系统下，对原生能力的使用方式是不同的。系统之间的差异是非常大的，哪怕是同一类传感器，在 Android 和 iOS 下的使用方式也有很大差异。Flutter 作为一个跨端框架，如何才能缩小系统差异，封装提供统一的 Flutter 接口呢？

Flutter 没有选择封装所有原生能力，因为这样做的成本是巨大的，并且维护成本也很高。Flutter 采用了一种更好的方式，即提供了一套灵活的 Plugin 扩展机制。

基于这套扩展机制，任何人都能够对系统能力进行封装，并在 Flutter 侧提供统一的调用接口，并以开源库的方式在 Flutter 社区生态中共享。

随着 Flutter 社区的日渐火热，大量的 Flutter 开源库诞生出来，将底层操作系统方方面面的能力导出到 Flutter，也给 Flutter 带来了更加丰富的功能和最佳实践。在开源生态的加持下，Flutter 的能力得到了进一步提升。

本章介绍如何基于强大的 Flutter 开源社区，快速高效地开发一款调用多种系统底层能力的跨端移动应用。也以此证明 Flutter 不仅可以开发精美的 UI 界面，在功能上也可以像原生开发一样"原汁原味"。

4.1　轨迹计步器开发要点

本章的实战案例选用一款带有地图展示的轨迹计步器应用，它用到了定位和计步两种底层能力，能够体现出 Flutter 强大的扩展能力。同时这个应用也包含地图，地图组件由于其本身的复杂性，对性能要求较高。由于 Flutter 天生的高性能，在 Flutter 中直接使用地图是可能的，目前已经可以看到，各大地图厂商相继推出了 Flutter SDK。

挑选计步器案例的另一个原因在于其业务价值。基于位置的服务（Location Based Services，LBS）类应用是移动互联网所特有的业务模式。在 LBS 的基础上，线上到线下行业（Online To Offline，O2O）实现了进化，诞生出外卖、出行等新业务形态，改善了人们的生活，成为生活中不可或缺的一部分。

轨迹计步器虽然只是 LBS 应用中最简单的一种，但麻雀虽小五脏俱全，其功能原理与当下热门的 O2O 应用是一致的。使用 Flutter 开发能够获得更高的开发效率、更加精美的视觉体验、高度双端一致性。对于追求效率的初创团队或参加创新竞赛的大学生们来说，本章的实例是非常有价值的。

▶▶ 4.1.1　通过 Flutter 包管理导入扩展包

庞大的 Flutter 开源生态为 Flutter 扩展了大量功能，读者应当善于从中找到自己需要的功能包。通过直接复用，避免了从头开发带来的成本，从而可以大幅提高开发效率。

例如，本章所需要的 GPS 导航定位、计步器等系统原生能力，虽然 Flutter 框架自身没有直接集成，但在 Flutter 生态中有大量对这些功能进行扩展的库，其中有的库完成质量非常高，且功能丰富，能够直接满足需要。

本小节介绍如何通过 Flutter 包管理使用 Flutter 开源生态中的扩展包。

①　Flutter 开原生态 pub.dev 介绍

https://pub.dev 是托管 Flutter 和 Dart 包的源站点，所有开源的包都会上传到 pub.dev 中，供全球开发者使用。进入 pub.dev 网站可以查询人气较高的包，以及最新发布的包，网站截图如图 4-1 所示。

● 图 4-1　pub.dev 首页

建议读者时常到 pub.dev 上面逛一逛，人气较高的包通常实现质量非常高，代表社区的最佳实践，学会使用它们能够提高自己的开发水平与代码质量。最新发布的包则为 Flutter 扩充了大量功能，平时多了解一些，当开发类似功能时就能够有所准备，不论是直接复用，还是参考学习，都能够提高开发效率与质量。

❷ 两类扩展包 Dart Package 与 Flutter Plugin 介绍

pub.dev 中托管了两类包：Dart Package 和 Flutter Plugin。很多初学者会感到困惑，这两者之间有什么区别呢？

Dart 语言本身是一门成熟的编程语言。在 Flutter 诞生之前，Dart 语言就已经被用于开发前端应用和桌面程序。Dart 语言搭载了 pub 包管理机制，在 pub.dev 上包含 Dart 生态。Dart 包使用 Dart 语言开发，基于 Dart 语言的基础能力进行扩展，称为 Dart Package。

Flutter 框架使用 Dart 作为开发语言，复用了 Dart 的 pub 包管理机制，因此也使用 pub.dev 进行扩展包托管。但不同的一点是，Flutter 扩展库通常是对多种系统底层能力的封装，因此不仅包含 Dart 语言，还包含不同系统下的原生开发语言（Java、Objective-C）。传统的 Dart Package 无法满足，为此 Flutter 提出了 Flutter Plugin 的概念，用于扩展 Flutter 访问原生的能力。

因此，对于 Flutter 开发者来说，Dart Package 和 Flutter Plugin 均可以使用，区别在于前者是基于 Dart 语言开发出的功能，与 Flutter 框架本身无关，而后者主要是为 Flutter 框架扩充能力。

❸ 通过 pubspec 向项目中添加第三方库

在 pub.dev 中选中一个开源库，如何添加到自己的项目中呢？以本章的轨迹计步器为例，通过在 pub.dev 中反复挑选，最终选中了 3 个库，分别是计步器封装库 pedometer，定位能力封装库 geolocator，以及地图组件库 flutter_map。

首先创建一个新的 Flutter 应用工程，名称命名为 map_pedometer，作为本章轨迹计步器的开发工程。打开项目根目录的 pubspec.yaml 文件，项目所有的依赖关系都记录在这个文件中。在 pubspec.yaml 的 dependencies 下面添加具体依赖库的名称及版本。具体代码如下：

```
dependencies:
  flutter:
    sdk: flutter

  pedometer: ^2.0.1 +2
  geolocator: ^5.3.2 +2
  flutter_map: ^0.10.1 +1
```

pubspec.yaml 依赖声明完成后，接下来调用 flutter pub get 命令，这个命令会读取 pubspec.yaml 中声明的依赖，将这些依赖库下载到本地。需要注意的是，如果调用这个命令长时间没有反应，说明网络不通畅，可设置对应的环境变量，使用国内的镜像源进行下载即可。

依赖下载完成后，在开发环境中便能对这些库的代码进行导入开发了。

需要注意的是，对于扩展原生能力的 Flutter Plugin 而言，flutter pub get 只是将依赖下载下来，仍需要对 Android、iOS 原生工程进行额外的初始化操作，这一步需要开发者手动完成。有时会涉及权限等额外配置，需要由开发者进入原生工程中进行手动配置。

▶▶ 4.1.2 Flutter Channel 原生通信机制介绍

Flutter Plugin 的功能是将平台原生的能力导出到 Flutter 中，具体是如何实现的呢？Flutter 支持的原生平台众多，比如 Android、iOS、Web 等，因此需要提供一个通用的接口来实现 Native 与 Flutter 之间的桥接与通信。为此 Flutter 提供了 Channel 机制。

Channel 意为管道的意思，基于消息机制进行通信，当 Flutter 应用调用原生能力时，通过 Channel 向 Native 侧发出消息，Native 侧通过预先注入的回调函数进行响应。

Channel 机制的原理图如图 4-2 所示，在图中，左侧为 Flutter 应用，右侧分别为 Android 端与 iOS 端。当 Flutter 应用调用原生 Flutter Plugin 的 API 时，会生成一个消息，通过 Channel 传递到 Native 侧，进入到对应端的 Native 代码回调中。

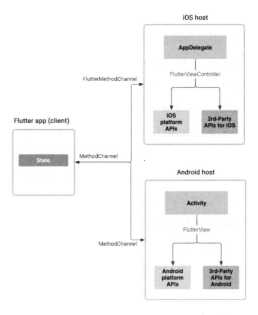

● 图 4-2　Flutter Channel 通信机制

下面以一个实例介绍如何创建一个 Flutter Plugin 并实现 Native 通信。

❶ 创建 Flutter Plugin 工程

Flutter 原生能力扩展库对应的工程类型为 Flutter Plugin 类型。本小节通过命令行方式创建 Flutter Plugin 工程，工程名为 flutter_hello，包名为 com.maxiee.flutter_hello，支持 Android、iOS 平台，在 Android 采用 Kotlin，iOS 采用 Swift 语言。具体命令如下：

```
flutter create --org com.maxiee --template = plugin --platforms = android,ios
-a kotlin -i swift flutter_hello
```

工程创建好后，使用 Android Studio 打开，可看到如图 4-3 所示的工程目录。图中 lib 表示 Flutter 侧代码，android 表示 Android 系统原生代码，ios 表示 iOS 系统原生代码。在这三个平台下，均有一个 FlutterHelloPlugin，它们通过 Channel 机制相连接。

在 Flutter Plugin 的默认模板中，提供了一个 Flutter 获取系统版本号的 Demo，通过这个

Demo 可以理解 Channel 的基本使用方法。

❷ Flutter 侧 Plugin 实现

Flutter 侧对应于 lib/flutter_hello.dart，这是
一个静态类，包含一个静态成员_channel，其类
型为 MethodChannel。MethodChannel 在创建时需
要传入 Channel 名称，Channel 名称要唯一，不能
出现重名。

FlutterHello 类中还包含一系列静态方法，这
是 Plugin 对外提供的接口，供 Flutter 调用。在本
章的实战环节中能够看到，在实际业务使用 Plu-
gin 时，并不关心其内部实现是否为原生，原生

● 图 4-3　Flutter Plugin 工程结构

Channel 交互细节都被收敛到 Plugin 内部，对外是无感知的。

有一点要注意的是，Channel 调用为异步，因此 FlutterHello 中的方法均为异步方法。

在 FlutterHello 中创建了一个 platformVersion 静态 get 方法，其内部实现为调用_channel 侧的
invokeMethod 方法，并将方法名作为字符串传入。前面说到，Channel 是一个消息管道，invoke-
Method 方法将会创建一条表示方法调用的消息，从管道的 Flutter 一头发出，发向 Native 一头，
并等待对方回传消息。具体代码实现如下：

```
class FlutterHello {
  static const MethodChannel _channel =
      const MethodChannel('flutter_hello');

  static Future<String> get platformVersion async {
    final String version =
      await _channel.invokeMethod('getPlatformVersion');
    return version;
  }
}
```

❸ Android 侧 Plugin 实现

来到 android 目录下，这是应用的 Android 原生工程。Android 侧插件类对应于 com.maxiee.
flutter_hello.FlutterHelloPlugin，在代码中同样包含一个 channel 属性，类型为 Java 侧的 Method-
Channel 实现，并且 Channel 名称与 Flutter 相同。

FlutterHelloPlugin 继承自 FlutterPlugin，FlutterPlugin 定义了两个生命周期，onAttachedTo-
Engine、onDetachedFromEngine，分别用于插件创建时的初始化与销毁时释放资源。

在 onAttachedToEngine 方法中，创建了 MethodChannel 实例，并向其中设置了一个 Method-

CallHandler 回调。这样，每当 Flutter 侧在 flutter_hello Channel 下进行原生方法调用时，这个回调都会触发。

在 onMethodCall 回调方法中，包含两个参数：参数 call 用于获取 Flutter 侧调用的方法名称和参数；参数 result 用于向 Flutter 侧返回操作是否成功，以及回传数据，不论有无数据，都要调用 result。因为，在 Flutter 侧的调用是一个异步方法，如果 Native 侧不调用 result，Flutter 异步方法会一致等待下去。

FlutterHelloPlugin 的具体代码实现如下：

```kotlin
class FlutterHelloPlugin: FlutterPlugin, MethodCallHandler {
  private lateinit var channel : MethodChannel

  override fun onAttachedToEngine(
      @NonNull binding: FlutterPlugin.FlutterPluginBinding) {
    channel = MethodChannel(
          binding.binaryMessenger, "flutter_hello")
    channel.setMethodCallHandler(this)
  }

  override fun onMethodCall(
      @NonNull call: MethodCall, @NonNull result: Result) {
    if (call.method == "getPlatformVersion") {
      result.success("Android ${android.os.Build.VERSION.RELEASE}")
    } else {
      result.notImplemented()
    }
  }
  override fun onDetachedFromEngine(
      @NonNull binding: FlutterPlugin.FlutterPluginBinding) {
    channel.setMethodCallHandler(null)
  }
}
```

④ iOS 侧 Plugin 实现

iOS 侧代码实现位于 ios/Classes/SwiftFlutterHelloPlugin.swift，其实现原理与 Android 完全相同，区别在于方法及类名的命名上。其具体代码实现如下：

```swift
public class SwiftFlutterHelloPlugin: NSObject, FlutterPlugin {
  public static func register(
        with registrar: FlutterPluginRegistrar) {
    let channel = FlutterMethodChannel(
        name: "flutter_hello",
        binaryMessenger: registrar.messenger())
```

```
    let instance = SwiftFlutterHelloPlugin()
    registrar.addMethodCallDelegate(instance, channel: channel)
  }
  public func handle(
      _ call: FlutterMethodCall,
      result: @escaping FlutterResult) {
    result("iOS " + UIDevice.current.systemVersion)
  }
}
```

⑤ Flutter Plugin 运行效果

Flutter Plugin 默认会创建一个 example 工程，供开发者开发调试，在 Plugin 开源后也可作为示例工程，向用户介绍该 Plugin 提供的功能。example 是一个 Flutter 工程，在 example/lib/main.dart 下可看到应用的入口。

在 main.dart 中，包含了入口 main 方法，执行 runApp 方法，将 MyApp 组件加载起来，在 _MyAppState 中创建了一个简单布局，在屏幕中央展示系统版本，其中系统版本通过 initPlatformState 在 initState 状态初始化时获取。

在 initPlatformState 中，可看到调用的 Plugin 接口 FlutterHello.platformVersion 是一个异步方法，因此 initPlatformState 也声明为异步方法，并在调用 platformVersion 时通过 await 进行异步等待。获取到版本号后，通过 setState 方法进行状态更新，将版本号展示在屏幕上。

main.dart 的具体代码实现如下：

```
void main() {
  runApp(MyApp());
}

class MyApp extends StatefulWidget {
  @override
  _MyAppState createState() => _MyAppState();
}

class _MyAppState extends State<MyApp> {
  String _platformVersion = 'Unknown';
  @override
  void initState() {
    super.initState();
    initPlatformState();
  }

  Future<void> initPlatformState() async {
```

```
      String platformVersion;
      try {
        platformVersion = await FlutterHello.platformVersion;
      } on PlatformException {
        platformVersion = 'Failed to get platform version.';
      }
      if (!mounted) return;
      setState(() {
        _platformVersion = platformVersion;
      });
    }

    @override
    Widget build(BuildContext context) {
      return MaterialApp(
        home: Scaffold(
          appBar: AppBar(
            title: const Text('Plugin example app'),
          ),
          body: Center(
            child: Text('Running on: $_platformVersion\n'),
          ),
        ),
      );
    }
  }
```

在 Android Studio 中单击运行工程，默认会运行 example 工程，可以看到运行效果如图 4-4 所示。

Running on: Android 5.1.1

● 图 4-4　Flutter Plugin 运行效果

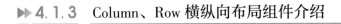

▶▶ 4.1.3　Column、Row 横纵向布局组件介绍

Column、Row 是日常开发中最常用的两个布局组件，分别用于沿着横向、纵向排布控件。大部分的布局效果都可以通过这两个组件的组合实现。本章的轨迹计步器实战项目大量使用了两个组件进行布局。因此本小节先对 Column、Row 的基础知识进行讲解。

❶ 使用 Column 纵向排列组件

Column 布局用于对组件进行纵向排列，示例代码如下：

```
Column(
  children:<Widget>[
    Container(color: Colors.red, width: 40, height: 40),
    Container(color: Colors.yellow, width: 40, height: 40),
    Container(color: Colors.red, width: 40, height: 40),
  ],
))
```

在上述代码中，Column 包含 3 个 Container 组件，分别以不同颜色进行区别。代码运行效果如图 4-5 所示。

❷ 使用 Row 横向排列组件

Row 布局的用法与 Column 类似，用于对组件进行横向排列，示例代码如下：

```
Row(
  children:<Widget>[
    Container(color: Colors.red, width: 40, height: 40),
    Container(color: Colors.yellow, width: 40, height: 40),
    Container(color: Colors.red, width: 40, height: 40),
  ],
))
```

代码运行效果如图 4-6 所示。

● 图 4-5　使用 Column 纵向排列组件

● 图 4-6　使用 Row 横向排列组件

③ MainAxis 与 CrossAxis 主轴与交叉轴介绍

直角坐标系包含横轴与纵轴，类似地，在 Row 与 Column 中也存在两条轴，即 MainAxis 与 CrossAxis。其中 MainAxis 可称为主轴，意为 Row 与 Column 的主方向。CrossAxis 可称为交叉轴，意为与主方向垂直的方向。

对于 Row 来说，其 MainAxis 表示水平方向，CrossAxis 表示垂直方向。而对 Column 来说，其 MainAxis 表示垂直方向，CrossAxis 表示水平方向。

为什么要进行轴的划分？因为在 Row 与 Column 排布组件时，有多种布局策略需要考虑。比如采用什么样的对齐方式，是让子组件左对齐排列、还是右对齐排列、还是以等间隔均匀排列，以及组件是否需要拉伸，这些都需要配置 MainAxis 与 CrossAxis 对应的参数来实现。

④ MainAxisAlignment 主轴对齐方式属性

Column 和 Row 均支持 MainAxisAlignment 属性，用于设置主轴的对齐方式，其取值范围见表 4-1。

表 4-1　MainAxisAlignment 取值范围

常 量 名 称	对 齐 方 式
MainAxisAlignment.start	沿轴的起点进行排布，Row 为左对齐，Column 为顶对齐
MainAxisAlignment.end	沿轴的底部进行排布，Row 为右对齐，Column 为底对齐
MainAxisAlignment.center	居中排布，Row 为水平居中，Column 为垂直居中
MainAxisAlignment.spaceAround	一种均匀排布，子组件间距相同，首组件和末组件到容器边缘的距离为组件间距的一半
MainAxisAlignment.spaceBetween	一种均匀排布，首组件和末组件到容器边缘不留边距，子组件间距相同
MainAxisAlignment.spaceEvenly	一种均匀排布，组件间以及首组件和末组件到容器边缘采用同间距

下面以 Row 为例，设置主轴对齐方式的代码如下：

```
Row(
  mainAxisAlignment:MainAxisAlignment.center,
  children: <Widget>[
    Container(color: Colors.red, width: 40, height: 40),
    Container(color: Colors.yellow, width: 40, height: 40),
    Container(color: Colors.red, width: 40, height: 40),
  ],
))
```

替换 mainAxisAlignment 取值，可观察 Row 组件的不同对齐效果。MainAxisAlignment.center 效果如图 4-7 所示。MainAxisAlignment.end 效果如图 4-8 所示。MainAxisAlignment.spaceBetween 效果如图 4-9 所示。

● 图 4-7　Row 组件 MainAxisAlignment.center 对齐　● 图 4-8　Row 组件 MainAxisAlignment.end 对齐

● 图 4-9　Row 组件 MainAxisAlignment.spaceBetween 对齐

❺ CrossAxisAlignment 交叉轴对齐方式属性

除了主轴对齐之外，对于交叉轴也有相应的对齐方式。其取值范围见表 4-2。

表 4-2　CrossAxisAlignment 取值范围

常量名称	对齐方式
CrossAxisAlignment.start	沿交叉轴的起点进行排布，Row 为顶对齐，Column 为左对齐
CrossAxisAlignment.end	沿交叉轴的底部进行排布，Row 为底对齐，Column 为右对齐
CrossAxisAlignment.center	居中排布，Row 为垂直居中，Column 为水平居中
CrossAxisAlignment.stretch	自适应组件，沿交叉轴方向充满布局容器，Row 为纵向延伸，Column 为横向延伸
CrossAxisAlignment.baseline	交叉轴基线对齐，主要针对文本，能够实现不同字体大小的文本对齐效果

下面以 Column 为例，设置交叉轴轴对齐方式的代码如下：

```
Column(
  crossAxisAlignment: CrossAxisAlignment.center,
  children:<Widget>[
    Container(color: Colors.red, width: 40, height: 40),
    Container(color: Colors.yellow, width: 80, height: 40),
    Container(color: Colors.red, width: 40, height: 40),
  ],
))
```

值得注意的是，Column 中的第二个 Container 的宽度加大到 80，能够更好地体现出交叉轴对齐效果。

替换 crossAxisAlignment 取值，可观察 Column 组件的不同对齐效果。CrossAxisAlignment.

center 效果如图 4-10 所示。CrossAxisAlignment.stretch 效果如图 4-11 所示。

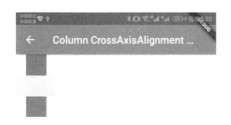
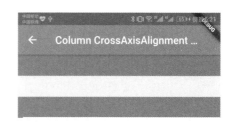

● 图 4-10　Column 组件 CrossAxisAlignment.center 对齐　● 图 4-11　Row 组件 CrossAxisAlignment.stretch 对齐

⑥ MainAxisSize 主轴空间占用属性

对于 Column、Row 组件来说，也可为其主轴占据的空间大小设置不同的策略，通过 MainAxisSize 属性进行设置。MainAxisSize 的取值范围见表 4-3。

表 4-3　MainAxisSize 取值范围

常 量 名 称	对 齐 方 式
MainAxisSize.max	主轴充满可用空间
MainAxisSize.min	主轴占用最少的可用空间

下面以 Row 为例，设置主轴空间占用方式的代码如下：

```
Container(
    decoration: BoxDecoration(
        border: Border.all(color: Colors.black, width: 4)),
    child: Row(
      mainAxisSize: MainAxisSize.min,
      children:<Widget>[
        Container(color: Colors.red, width: 40, height: 40),
        Container(color: Colors.yellow, width: 80, height: 40),
        Container(color: Colors.red, width: 40, height: 40),
      ],
    )),
```

上述代码中，在 Row 组件外套了一个 Container 组件，将 Row 所占用的空间边界绘制出来，方便观察 Row 组件所占用的空间大小。

设置 mainAxisSize 为 MainAxisSize.min，对应的运行效果如图 4-12 所示。

修改 mainAxisSize 为 MainAxisSize.max，可看到 Row 占满了整个横向空间，对应的运行效果如图 4-13 所示。

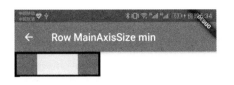

● 图 4-12　Row 组件 MainAxisSize.min
空间占用效果

● 图 4-13　Row 组件 MainAxisSize.max
空间占用效果

▶▶ 4.1.4　轨迹计步器开发流程

轨迹计步器整体采用单页面展示形式，背景为地图，展示用户当前所处位置。在地图之上，位于屏幕下方有一个仪表盘，展示用户当前行进步数、公里数，以及所消耗的千卡。整体产品原型如图 4-14 所示。

在地图中，通过一个圆圈图案展示用户当前所处定位点。在用户行进过程中，行进轨迹以线条的形式绘制在地图上，同时仪表盘卡片中的步数等信息进行同步更新展示。

有了轨迹计步器，当用户在散步或跑步时，可以清楚地知道自己的步数、里程，以及所消耗的热量。同时通过地图组件的轨迹展示，也能够了解到自己行进的轨迹，非常方便。

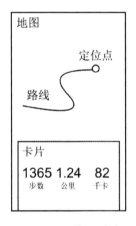

● 图 4-14　轨迹计步器
产品原生设计

4.2　创建轨迹计步器首页

通过前面几节的基础学习，从本节开始进入实战环节，即轨迹计步器的开发。首先打开 4.1.1 节中创建的 map_pedometer 工程。

▶▶ 4.2.1　创建轨迹计步器项目结构

修改 lib/main.dart，去除默认生成代码，替换为空页面实现，具体代码如下：

```
void main() {
  runApp(MyApp());
}

class MyApp extends StatelessWidget {
```

```
    @override
    Widget build(BuildContext context) {
      return MaterialApp(
        home: MyHomePage(),
      );
    }
  }
  class MyHomePage extends StatefulWidget {
    @override
    _MyHomePageState createState() => _MyHomePageState();
  }

  class _MyHomePageState extends State<MyHomePage> {

    @override
    Widget build(BuildContext context) {
      return Scaffold(
        body: Text("Hello"),
      );
    }
  }
```

之后检查 4.1.1 节中向 pubspec.yaml 中添加的依赖库。确认 3 个依赖库（pedometer 计步器库、geolocator 定位库及 flutter_map 地图库）是否已经添加完成。具体代码如下：

```
dependencies:
  flutter:
    sdk: flutter

  pedometer: ^2.0.1 +2
  geolocator: ^5.3.2 +2
  flutter_map: ^0.10.1 +1
```

需要注意的是，这 3 个库版本为作者写作时的版本，可能已非最新版本。开源库也在不断迭代完善，新版本更完善强大，但 API 也可能会发生变化，导致本节代码需要重新适配。读者可根据自身需要进行选择，如果是初学，建议选择上述版本，以保证代码能够成功运行。有经验的开发者可以自行适配最新版本，以享受最新特性。

依赖声明完成后，执行 flutter pub get 命令，将依赖下载到本地。

▶▶ 4.2.2 创建仪表面板组件

在原型图设计中，采用一个位于屏幕底部的仪表盘卡片，进行计步数据展示。本小节完成这一组件的开发。在 lib 下创建一个 components 目录，用于存放组件。在 components 下创建

Dashboard.dart。

❶ 通过 Container 创建仪表盘卡片

仪表盘卡片基于 Container 组件实现，通过对第 3 章的学习，相信读者对 Container 的使用已经非常熟悉了。在 Dashboard.dart 中创建 Dashboard 组件，其布局组件为 Container，宽度为屏幕宽度的 0.9 倍，高度为 200，并通过 BoxDecoration 对卡片样式进行装饰。首先为卡片四周添加圆角效果，之后为卡片添加阴影效果，最后为卡片添加边距，以保证在屏幕中四周留有空白。具体代码如下：

```
class Dashboard extends StatelessWidget {
  @override
  Widget build(BuildContext context) {
    final size = MediaQuery.of(context).size;

    return Container(
      margin: EdgeInsets.all(20),
      width: size.width * 0.9,
      height: 200,
      decoration: BoxDecoration(
        color: Colors.white,
        borderRadius: BorderRadius.circular(15),
        boxShadow: [
          BoxShadow(
            color: Colors.grey.withOpacity(0.5),
            spreadRadius: 5,
            blurRadius: 7,
            offset: Offset(0, 3),
          ),
        ],
      ),
    );
  }
}
```

下面修改 lib/main.dart 加入仪表盘组件。首先实现页面布局，地图与仪表盘是层级关系，因此可使用 Stack 组件。仪表盘位于 Stack 的底部，这一对齐关系可通过 Align 组件对卡片封装实现。因此，修改_MyHomePageState 代码如下：

```
class _MyHomePageState extends State<MyHomePage> {

  @override
  Widget build(BuildContext context) {
    return Scaffold(
```

```
      body: Stack(
        children:<Widget>[
          Align(
            alignment: Alignment.bottomCenter,
            child: Dashboard(),
          )
        ],
      ),
    );
  }
}
```

运行代码，首页效果图如图 4-15 所示。

❷ 通过 Column 创建仪表盘展示项

仪表盘可展示 3 列数据，分别是步数、公里数、以及消耗的热量。从原型图中可以看出，这 3 个展示项的布局完全相同，区别只是所展示单位与数值不同，因此可以抽象出一个通用的展示项组件。

在 lib/components/Dashboard.dart 中再创建一个类 DashBoardItem，与 Dashboard 为平级关系。DashBoard-Item 是一个无状态组件，接收两个属性，分别是单位与数值，根布局组件为 Column，设置主轴的空间占用为占用最少，高度是其内部所包含组件的高度之和，这样就可以由仪表盘卡片组件来控制展示项的居中位置。其代码如下：

● 图 4-15　首页仪表盘布局效果

```
class DashBoardItem extends StatelessWidget {
  final String unit;
  final String value;

  DashBoardItem(this.unit, this.value);

  @override
  Widget build(BuildContext context) {
    return Column(
      mainAxisSize: MainAxisSize.min,
      children:<Widget>[
        Text(
          value,
          style: TextStyle(
```

```
        fontSize: 60
      )
    ),
    Text(
      unit,
      style: TextStyle(
        fontSize: 16
      ),
    )
  ],
);
}
}
```

接下来来到 Dashboard 组件，在 Container 添加一个 Row 组件，用于展示项摆放。设置 Row 的对齐属性为 spaceEvenly，以保证展示项能以等间距的形式排列。最后在 Row 的 children 属性中添加 3 个展示项，由于计步 SDK 和定位 SDK 尚未接入，因此暂时使用假数据（又称 Mock 数据）进行测试。修改 Dashboard 的 build 代码如下：

```
@override
Widget build(BuildContext context) {
  final size = MediaQuery.of(context).size;

  return Container(
    …… // 省略
    child: Row(
      mainAxisAlignment: MainAxisAlignment.spaceEvenly,
      children: <Widget>[
        DashBoardItem('步数', 20000.toString()),
        DashBoardItem('公里', '待开发'),
        DashBoardItem('千卡', '待开发')
      ],
    ),
  );
}
```

运行程序展示效果如图 4-16 所示。从图 4-16 中可以看出展示效果不太符合预期，首先由于步数太多，导致展示项长度过宽溢出屏幕，图 4-16 中黄色与黑色相间的条带是 Flutter 框架的异常提示，条带中的小字描述了布局异常信息。其次，通过观察也可发现，"公里数"展示项也并不居中，而是被步数"顶"到了右侧，非常不美观。

❸ 通过 FittedBox 解决文本溢出问题

文本过长导致的布局异常是日常开发中常见的一类问题。对于有经验的客户端开发工程师来说，当其拿到一份 UI 设计图时，对于界面中的文本展示，会本能地在脑中设想极端取值下的展示效果，如果存在展示问题则及时与设计师反馈，修改设计方案，或者通过技术方案解决。

Flutter 提供的 FittedBox 组件与 Text 组件相结合即可实现文本自适应展示，可解决文本溢出的问题。具体做法是，DashBoardItem 中用于展示 value 的 Text 组件，在其外面嵌套一个 FittedBox 组件，并设定适应模式为 contain，在 FittedBox 外面再嵌套一个 Container 组件，并令 Container 的高度为固定值。这样，这个 Text 会自适应地调整字体大小，以达到容器高度。具体代码如下：

● 图 4-16　展示项屏幕溢出问题

```
class DashBoardItem extends StatelessWidget {

  … // 省略

  @override
  Widget build(BuildContext context) {
    final size = MediaQuery.of(context).size;
    return Column(
      mainAxisSize: MainAxisSize.min,
      children:<Widget>[
        Container(
          width: size.width * 0.2,
          height: 60,
          child: FittedBox(
            fit: BoxFit.contain,
            child: Text(value),
          ),
        ),
        Text(
          unit,
          style: TextStyle(
            fontSize: 16
          ),
        )
      ],
    );
  }
}
```

再次运行代码，显示效果如图 4-17 所示。可见这次展示项的显示效果比较符合预期了。

❹ 设置 Dashboard 传入属性

在上面的代码中，DashBoardItem 实例被"写死"在 Dashboard 的 build 方法中，而在实际中，基于组件化开发的思想，更希望 DashBoardItem 由外界传入。这样，Dashboard 就变成一个通用化组件，不仅适用于轨迹计步器，在其他业务场景中也可以拿来复用。因此，将 Dashboard 组件代码修改如下：

● 图 4-17　修复展示项屏幕溢出问题

```
class Dashboard extends StatelessWidget {
  final List<DashBoardItem> items;

  Dashboard(this.items);

  @override
  Widget build(BuildContext context) {
    final size = MediaQuery.of(context).size;
    return Container(
      … //省略
      child: Row(
        mainAxisAlignment: MainAxisAlignment.spaceEvenly,
        children: items,
      ),
    );
  }
}
```

来到 lib/main.dart，Dashboard 组件的实例化方式也需要进行修改，调用方式修改如下：

```
Dashboard([
  DashBoardItem("步数", 20000.toString()),
  DashBoardItem("公里", '待开发'),
  DashBoardItem("千卡", '待开发')
])
```

4.3 基于 Pedometer 库实现计步功能

现在的智能手机中已经内置了计步传感器，能够将设备的重力加速度信息转换为精确的步数。因此，对于应用开发者而言，无须关心传感器内部的复杂算法，只需要向传感器创建一个订阅监听，就能够实时接收到步数更新。

▶▶ 4.3.1 Pedometer 计步器库介绍

由于 Android 和 iOS 系统实现不同，同样是计步器功能，在两个系统平台下的使用方法是不同的，需要分别进行开发。不过借助于活跃的 Flutter 生态，这部分开发工作已由社区贡献者完成，开发者可直接复用其成果，这就是 pedometer 库。

pedometer 库分别封装了 Android 和 iOS 系统原生计步器能力，并在 Flutter 侧提供统一的 API 接口，提供连续计步和步行状态监测功能。pedometer 库的项目网址为 https://pub.dev/packages/pedometer。

在 4.2.1 节中已在 pubspec.yaml 中完成了 pedometer 依赖的导入，pedometer 的初始化工作尚未完成。这是因为在 Android、iOS 下，对底层传感器的访问都需要申请对应的权限，这一步需要由开发者手动完成。

对于 Android 系统，在项目的 android/app/src/main/ 目录下找到 AndroidManifest.xml，在 manifest 中，与 application 同级位置添加对应权限。具体代码如下：

```
<manifest
xmlns:android ="http://schemas.android.com/apk/res/android"
package ="com.example.map_pedometer" >
<uses-permission
        android:name ="android.permission.ACTIVITY_RECOGNITION" />
<application
    ...
```

对于 iOS 系统，则在 Info.plist 中添加以下配置：

```
<key>NSMotionUsageDescription</key>
<string>This application tracks your steps</string>
<key>UIBackgroundModes</key>
<array>
    <string>processing</string>
</array>
```

▶▶ 4.3.2 通过 Flutter Stream 监听步数

pedometer 对 Android、iOS 两端系统的底层计步器功能进行封装，向 Flutter 侧提供统一的步数监听 API。其中的监听功能通过 Flutter 的 Stream 机制实现。因此本小节，先对 Stream 进行介绍。

Stream 可比作一根水管，在一端输入数据，在另一端接收数据。Stream 支持同时有多个监听者，在这种情况下，当有数据传入时，这些监听者都会收到这个数据。

如何创建这样一条管道？Flutter 提供了 StreamController 类，具体创建方式如下：

```
StreamController<double> controller = StreamController<double>();
```

StreamController 中包含一个属性 stream（流），观察者通过 stream 属性进行监听，具体代码实现如下：

```
Stream stream = controller.stream;
stream.listen((value) {
  print('Value = $value');
});
```

如何向管道中输入数据呢？通过 StreamController 的 add 方法：

```
controller.add(12);
```

每次调用 add 方法，就会触发 listen 中的回调，这种模式被称为观察者模式，这种编程的方式也被称为响应式编程。响应式编程是当下非常热门的一种编程范式，不仅应用于本节中计步器从 Native 向 Flutter 中传输数据，在状态管理器中也有大量的应用。关于状态管理器，将会在后续章节中介绍。

在调用 listen 方法时，会返回 StreamSubscription，它的主要作用是用来解绑。在 Flutter 组件中，如果 listen 后没有解绑，会导致内存泄漏问题。通常的做法是在组件中建立数据订阅后，保留其 StreamSubscription，并在组件的 dispose 生命周期方法中进行统一释放。解绑方式具体代码如下：

```
StreamSubscription<double> streamSubscription =
  stream.listen((value) {
    print('Value = $value');
});
streamSubscription.cancel();
```

需要注意的是，通过 controller.stream 建立的 listen 关系只允许单次订阅，如果需要多次订阅，在创建 StreamController 时需要通过如下方式创建：

```
StreamController<double> controller =
 StreamController<double> .broadcast();
```

▶▶ 4.3.3 实现轨迹计步器的计步功能

在完成对 Stream 的学习后，接下来回到计步器实战，基于 Stream 实现对计步状态的监听。在 lib/main.dart 的首页状态_MyHomePageState 中，创建一个 initPedometer 方法，用于初始化计步器，注意这是一个异步方法，并在 initState 中的生命周期方法中进行调用。

在 initPedometer 方法中，获取 Pedometer 的 stepCountStream 计步流，传入 onStepCount 方法进行订阅，并在 stepCountStream 中实现对步数 stepCount 状态的更新，同时也打印一行 Log 供开发调试。最后，在组件销毁生命周期 dispose 中，对流订阅进行 cancel 解绑操作，以避免内存泄漏问题。具体代码如下：

```
class _MyHomePageState extends State<MyHomePage> {

  StreamSubscription _stepCountSubscription;
  int stepCount;

  @override
  void initState() {
    super.initState();
    initPedometer();
  }

  @override
  void dispose() {
    _stepCountSubscription.cancel();
  }

  void onStepCount(StepCount event) {
    setState(() {
      stepCount = event.steps;
    });
    debugPrint('stepCount = ${event.steps}');
  }

  void initPedometer() async {
    var stepCountStream = await Pedometer.stepCountStream;
    _stepCountSubscription = stepCountStream.listen(onStepCount);
  }

  ...
```

运行代码，可以看到如下日志记录：

```
I/flutter ( 6917): stepCount = 5857
I/flutter ( 6917): stepCount = 5859
I/flutter ( 6917): stepCount = 5862
I/flutter ( 6917): stepCount = 5864
I/flutter ( 6917): stepCount = 5864
I/flutter ( 6917): stepCount = 5868
I/flutter ( 6917): stepCount = 5872
I/flutter ( 6917): stepCount = 5874
I/flutter ( 6917): stepCount = 5877
```

获取到步数之后，接下来需要在 Dashboard 面板上进行展示。修改_MyHomePageState 的 build 方法中 Dashboard 组件的实例化方式，向与步数对应的 DashBoardItem 中传入实际状态 stepCount，具体代码如下：

```
Dashboard([
  DashBoardItem("步数", stepCount.toString()),
  DashBoardItem("公里", '待开发'),
  DashBoardItem("千卡", '待开发')
])
```

再次运行代码，效果如图 4-18 所示。从图 4-18 中可以看出，真实的步数已经展示出来了。读者可尝试来回走动，步数会实时进行更新。

● 图 4-18　Dashboard 实时步数展示

4.4　基于 geolocator 库实现定位功能

为了能够将步行轨迹绘制到地图上，需要实时获取用户的定位轨迹。与计步功能类似，Android、iOS 设备均搭载 GPS 定位芯片，供开发者获取设备所在的位置。由于 Android、iOS 系统的差异性，底层定位接口的开发方式不同，需要开发者分别进行适配后，向 Flutter 侧提供统一的调用接口。同样得益于 Flutter 活跃的社区生态，这部分封装工作已有社区贡献者完成，并无私地分享出来。

▶▶ 4.4.1　geolocator 定位库介绍

对于 Android 平台，有一点需要注意的是，虽然在 pub.dev 中有多个定位库可供选用，但多数在 Android 下是基于谷歌服务（Google Mobile Service）的。也就是说，在 Android 系统中同时存在两套定位 SDK，一套由 Android 系统提供，一套由 GMS 提供。由于国内 Android 手机通常无法使用谷歌服务，因此在选型时需要选择基于 Android 系统定位 SDK 的库。

综合考虑，最终选择了 geolocator 库，其网址为 https://pub.dev/packages/geolocator。geolocator 库实现了对 Android、iOS 两端底层能力的封装，并在 Flutter 侧提供了比较简洁易用的 API 接口。这个库在 Android 下同时支持 GMS 定位 SDK 和系统定位 SDK，符合国内业务的使用场景。

在前面的小节中，已经在 pubspec.yaml 中添加了 geolocator 库，并通过 flutter pub get 命令将相关依赖拉取到本地。由于 geolocator 需要使用定位权限，因此还需要进行相应权限的申请。

在 Android 系统下，在 AndroidManifest.xml 中添加以下权限：

```
<uses-permission
android:name ="android.permission.ACCESS_FINE_LOCATION"/>
<uses-permission
android:name ="android.permission.ACCESS_COARSE_LOCATION" />
```

在 iOS 系统下，需要在 Info.plist 中添加以下配置：

```
<key>EnableBackgroundLocationUpdates</key>
<true/>
```

除此之外，需要在 XCode 中单击左侧导航目录树的根节点 Runner，进入项目设置页。在设置页的 Tab 分页中，选择 Signing and Capabilties 选项，进入对应的子页面。在子页面中单击 Signing and Capabilties 按钮，在弹出的对话框中双击 Background Modes，会看到 Signing and Capabilties 中多了一个 Background Modes 配置，在该配置中勾选 Location updates。

▶▶ 4.4.2　实现轨迹计步器的定位功能

完成 geolocator 库的初始化后，本小节实现定位功能的接入。定位功能的开发可以拆分为几个步骤，第一步检查定位权限是否开启，如果未开启，则提示用户开启对应权限。如果权限已开启，进入第二步，创建 Geolocator 对象，它包含了定位 API 及相关配置，在这里需要明确指定在 Android 下强制使用系统定位功能。第三步是调用 Geolocator 的 getLastKnownPosition() 方法，先获得系统最近一次的定位结果，并设置到 position 中，以保证定位功能快速生效。第四步是绑定定位的实时刷新回调，每当定位结果更新时进行状态刷新，Geolocator 同样基于 Stream 机制实现位置更新。

将以上步骤封装为 initLocation 异步方法，同样在 initState 中进行调用。具体代码如下：

```
class _MyHomePageState extends State<MyHomePage> {
  ...

  StreamSubscription _locationSubscription;
  Position position;

  @override
  void initState() {
    super.initState();
    initPedometer();
    initLocation();
  }

  @override
  void dispose() {
    _stepCountSubscription.cancel();
    _locationSubscription.cancel();
  }

  ...

  void updateLocation(Position newPosition) {
    print("当前定位 $newPosition");
    setState(() {
      position = newPosition;
    });
  }

  void initLocation() async {
    // Step1 定位权限检查
    GeolocationStatus permission =
      await Geolocator().checkGeolocationPermissionStatus();
    if (permission != GeolocationStatus.granted) {
      print('定位权限异常：' + permission.toString());
      //需弹出权限申请
    } else {
      print('定位权限正常');
    }

    // Step2 创建 Geolocator 对象
    Geolocator geolocator = Geolocator()
      ..forceAndroidLocationManager = true;
```

```
// Step3 获取最近一次定位坐标
Position position = await geolocator.getLastKnownPosition();
updateLocation(position);

// Step4 订阅位置更新
LocationOptions options = LocationOptions(
    timeInterval: 10,
    forceAndroidLocationManager: true
);
_locationSubscription = geolocator.getPositionStream(options)
    .listen(updateLocation);
}

...
```

运行代码，此时日志中会输出当前的定位位置：

```
I/flutter: 当前定位 Lat: 40.068065, Long: 116.331511
```

▶▶ 4.4.3　保存轨迹计步器的定位轨迹历史

在上一小节的代码中，将最新定位位置存入 position 状态中。position 的作用是在地图中展示当前定位点。而在地图展示的视图元素中，除了当前定位点外，还需要展示用户的行进轨迹。因此还需要创建一个 List 类型的状态 histroyPositions，对历史坐标进行保存，以用于在地图中画线。因此，继续修改 MyHomePageState 如下：

```
class _MyHomePageState extends State<MyHomePage> {
  ...

  List<Position> historyPositions = [];

  ...

  void updateLocation(Position newPosition) {
    print("当前定位 $newPosition");
    setState(() {
      position = newPosition;
      historyPositions.add(newPosition);
    });
  }

  ...
```

4.5 基于 flutter_map 库实现地图功能

地图是智能手机中常用的一种视图，给人们的生活带来了极大的便利。地图控件是一类比较复杂的视图控件，由于其显示元素多，且对性能有较高的要求，因此大多数原生地图方案也通过自绘制方式进行渲染。这就导致在 Flutter 中使用地图控件相对困难，不过随着 Flutter 开发社区的逐渐壮大，目前主流地图厂商均提供了 Flutter SDK。由此也可以看出，业界对于 Flutter 的未来前景还是一致认可的。

▶▶ 4.5.1 flutter_map 地图库介绍

在众多的地图提供方中，本项目选择了 Open Street Map（开放街道地图），它是一个由社区维护的地图项目，其目标是创建内容自由且能让所有人编辑、访问的地图。相比之下，传统的商业地图厂商一般采用许可证制度，应用开发者需要进行注册，厂商会针对应用包名生成一个唯一的 KEY。通过 KEY 对应用使用地图的功能范围、频率进行管理。

相较之下，Open Street Map 无须预先注册，调用公开 API 就能够访问地图内容。因此更适合于个人学习项目。不过 Open Street Map 的缺点是其地图为社区志愿者维护，在地图的质量及及时性方面不如商业地图。因此对于商业化项目，还是更加建议使用商业地图，以实现更加稳定、精确的地图服务。

flutter_map 库网址为 https://pub.dev/packages/flutter_map。这是一个参考前端 Leaflet 库的 Dart 实现。Leaflet 是前端开发领域中流行的一个地图库，其特点是非常轻量级，同时保证了较好的交互体验和易用的 API 接口。

值得指出的是，地图 SDK 领域经过多年的发展，其 SDK 概念及 API 接口基本固化。也就是说，不论使用哪家地图 SDK，其开发方式都是大同小异的。因此，在本小节中学会使用 flutter_map 库后，这部分知识对于商业地图 SDK 也同样适用。

在前面小节中，已在 pubspec.yaml 中添加了 flutter_map 依赖。除此之外，由于地图需要联网，因此在 Android 下需要在 AndroidManifest.xml 中添加网络请求权限，具体代码如下：

```
<uses-permission android:name ="android.permission.INTERNET"/>
```

▶▶ 4.5.2 使用 FlutterMap 组件创建地图

本小节创建地图并展示到屏幕上。来到 lib/main.dart，在 _MyHomePageState 中修改布局，在最底层创建一个层级用于展示地图，地图的具体展示被封装在 getMap() 方法中。具体代码如下：

```
@override
Widget build(BuildContext context) {
  return Scaffold(
    body: Center(
      child: Stack(
        children: <Widget>[
          Container(
            child:getMap(),
          ),
          Align(
            alignment: Alignment.bottomCenter,
            child: Dashboard([
              DashBoardItem("步数", stepCount.toString()),
              DashBoardItem("公里", '待开发'),
              DashBoardItem("千卡", '待开发')
            ]),
          )
        ],
      ),
    ),
  );
}
```

接下来在_MyHomePageState 中创建 getMap 方法。需要注意的是，地图展示需要传入一个中心点，作为地图的初始位置，这里使用上一节定位功能中获取到的定位传入。getMap 的第一句有一个哨兵语句，只有当定位返回后才展示地图，否则地图先不展示。

地图的组件名称为 FlutterMap，通过不同的属性对其进行配置。options 属性接收 MapOptions 类型实例，用于设置地图全局属性，比如中心位置、缩放层级、地图的边界范围，以及相应地图单击事件。在地图中也存在层级的概念，地图中的底图、点、线可看作位于不同的图层中。FlutterMap 提供了 layers，通过传入不同的设置选项配置地图图层，比如通过 TileLayerOptions 配置地图的底图，通过 PolylineLayerOptions 在地图上画线，通过 MarkerLayerOptions 在地图中绘制视图元素。

getMap 的具体代码如下：

```
Widget getMap() {
  if (position == null) return null;
  return FlutterMap(
    options: MapOptions(
      center: LatLng(position.latitude, position.longitude),
      zoom: 16
    ),
```

```
    layers: [
      TileLayerOptions(
        urlTemplate:
  "https://{s}.tile.openstreetmap.org/{z}/{x}/{y}.png",
        subdomains: ['a', 'b', 'c'],
      ),
    ],
  );
}
```

在上面的代码中，layers 用于配置地图图层，传入地图底图 TileLayerOptions，通过 urlTemplate 和 subdomains 传入 Open Street Map 的公开 API 地址。运行代码，展示效果如图 4-19 所示。

● 图 4-19　地图展示效果

▶▶ 4.5.3　通过 MarkerLayerOptions 展示当前位置

上一小节在 layers 属性中添加了地图底图，本小节向地图中绘制一个标识，用于实时展示当前所处位置。MarkerLayerOptions 用于在地图上绘制标志，支持展示 Flutter 组件，继续修改 layers 代码如下：

```
layers: [
  TileLayerOptions(…),
  MarkerLayerOptions(
    markers: [
      Marker(
        width: 20,
        height: 20,
```

```
      point: LatLng(position.latitude, position.longitude),
      builder: (ctx) => Container(
        decoration: BoxDecoration(
          shape: BoxShape.circle,
          color: Colors.blue,
        ),
      )
    ]
  ),
],
```

在上面的代码中，MarkerLayerOptions 的 markers 是一个列表，可以传入多个，每一个通过 Marker 组件表示。其中 point 属性用于设置标志在地图上的位置，builder 用于创建组件，这里创建了一个蓝色的圆圈，表示用户当前所处的位置。运行代码，展示效果如图 4-20 所示。

▶▶ 4.5.4 通过 PolylineLayerOptions 绘制行进轨迹

对于轨迹计步器应用来说，还需要在地图上绘制出用户所走过的轨迹。在接入 geolocator 库时，曾将历史定位信息存入 historyPositions 状态中，本小节完成使用这一状态进行绘制。

● 图 4-20   地图展示当前位置

具体做法是在地图 layers 中，在底图和 Marker 之间创建一个 PolylineLayerOptions 层级，用于在地图上绘制线条，即步行轨迹。PolylineLayerOptions 包含 polylines 属性，是一个列表，可以支持展示多条线条，其中线条对应的组件是 Polyline。Polyline 的 points 属性表示其在地图上的线段坐标，这里对 historyPositions 历史轨迹进行 map 操作，将 geolocator 使用的 Position 类型转换为地图使用的 LatLng 类型，同时设置线条的样式。具体代码如下：

```
layers: [
  TileLayerOptions(…),
  PolylineLayerOptions(
    polylines: [
      Polyline(
        points: historyPositions.map((e) =>LatLng(e.latitude,
e.longitude)).toList(),
        strokeWidth: 4,
```

```
        color: Colors.red
      )
    ]
  ),
  MarkerLayerOptions(…),
],
```

运行代码，展示效果如图 4-21 所示。

● 图 4-21　地图步行轨迹展示效果

4.6　轨迹计步器知识拓展

本章学习了 Flutter 的开源生态及 Flutter 的原生扩展机制。开源生态为 Flutter 扩充了大量能力，在开发时可以直接复用，提高开发效率。并以轨迹计步器为例，演示了如何利用开源生态，快速开发出与原生能力丰富交互的应用。

Flutter 支持通过 Flutter Plugin 和 Flutter Channel 机制进行能力扩展，对它们的概念及使用进行了介绍。在日常工作中也经常需要基于这些机制，将系统中的原生能力导出给 Flutter 侧。

在布局方面，Row 和 Column 是开发中最常用到的布局组件，对其进行了介绍。针对 UI 开发中经常出现的文本越界问题，介绍了如何通过 FittedBox 组件来解决。

轨迹计步器是一个典型的 LBS 类应用，也可看作是 O2O 类应用的一个原型。使用 Flutter 不仅能够开发这一类应用，并且开发效率极高。对于追求开发效率的初创团队而言，使用 Flutter 技术栈是一个不错的选择。

轨迹计步器开发完了，但仍有很多细节没有完善，这里作为思考题，供读者进行巩固与提高。

1）仪表盘中的公里数和千卡数是固定数字，没有真正实现计算逻辑，可基于 historyPositions 状态计算出真实值进行展示。

2）pedometer 库统计的步数是本次开机以来的累计步数，因此打开应用后步数不是从 0 步开始，可以用 pedometer 首次返回值作为偏移量，实现每次从 0 计步。

3）使用轨迹计步器过程中将手机息屏或切换到后台状态，可能会出现轨迹丢失、中断的问题。这是由 Android、iOS 系统的"保活"问题造成的，对此感兴趣的读者可以查阅相关资料。从中可看出，Flutter 虽然可以跨端开发，但仍然受系统的特性限制，只有对原生系统有足够的了解，才能够开发出体验效果较好的应用。

4）结合后续章节中的知识，扩展自己想要的功能。

LBS、O2O 类应用是当前移动互联网的热门领域，诞生了很多商业神话。本章给出的用 Flutter 高效开发 LBS 应用的代码还是非常有价值的。

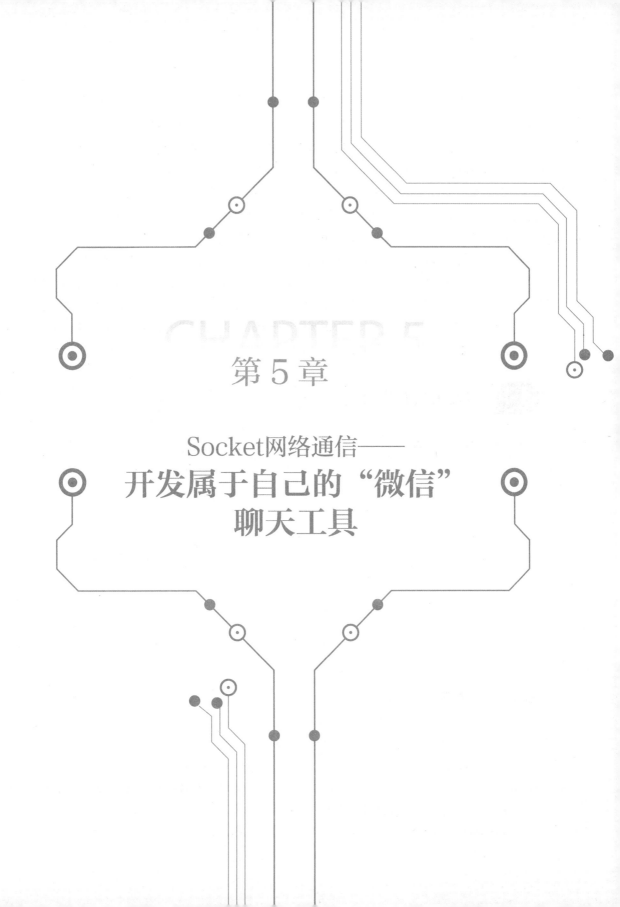

第 5 章

Socket网络通信——
开发属于自己的"微信"
聊天工具

移动聊天工具是人们最常使用的网络应用之一。比如微信已经融入了人们的生活。从前人们互相见面时会互留对方的电话号码，而现在则是互加微信好友了。移动聊天工具让沟通更加方便，可以随时随地沟通，且沟通形式多样化，不仅可以文字、图片聊天，还可以语音、视频聊天，甚至随时进行多人视频会议。

前几章的实战项目均为单机应用，主要目的是打好 Flutter 开发基础。有了前面的铺垫，本章将以一个简单的聊天工具实例作为实战项目，带领读者进入 Flutter 网络开发世界。

需要注意的是，本章所开发的聊天工具网络层基于 Dart 的 Socket 机制通信。在实际业务开发中，通常使用 HTTP、HTTPS 居多，很少会用 Socket 直接进行开发。由于 HTTP、HTTPS 的底层都基于 Socket 机制实现，对于初学者，Socket 开发是学习网络开发的经典案例，能够帮助自己打下更扎实的网络功底。因此，本章带领读者基于 Dart Socket 开发一款聊天工具。第 8 章再带领读者学习最为常用的 HTTP、HTTPS 网络开发。

5.1 聊天工具开发要点

聊天工具的通信通常直接基于 Socket 进行开发，这是因为聊天软件的特殊性，需要保持长连接，以及节省流量等需求。由于现实环境更加恶劣、复杂，现实中聊天工具的 Socket 协议封装比本章实例要复杂得多。如果读者想快速开发一款可商用的聊天工具，可考虑换用 WebSocket 协议。开发一套商用聊天工具还涉及后端部分的开发，如果开发资源或时间有限，可以考虑直接接入商业化的 IM SDK。

本节介绍 Flutter 中 Dart Socket 通信框架的使用方式、如何使用 ListView 对数据进行列表展示、如何使用 Navigator 进行多页面跳转，以及如何在项目中管理图片资源。

▶▶5.1.1 Dart Socket 网络通信框架

建立 Socket 通信需要两个角色，一个服务器与一个客户端。一台设备可以既做服务器又做客户端，更常见的情况是服务器和客户端运行在不同设备上，这样网络通信才有意义。

❶ 建立 Socket 服务器

在 Dart 中通过 ServerSocket.bind 方法建立接口监听，这个方法接收两个参数，第 1 个参数为地址类型，这里传入 InternetAddress.anyIPv4 表示绑定 IPv4 地址，第 2 个参数表示要绑定的端口号，这里传入 3000。ServerSocket.bind 是一个异步方法，在 then 中返回建立的 serverSocket。serverSocket 实现了 Stream 接口，每当有客户端连接时，客户端 Socket 都会通过 Stream 传入，因此调用 serverSocket 的 listen 方法进行监听。

在 serverSocket 的 listen 监听回调中，拿到客户端 clientSocket 后，可对其进行多种操作。首先，clientSocket 也是一个 Stream，可以对其进行监听，接收到的是从客户端发来的数据。其次也可以将 clientSocket 实例保存下来，通过 add 方法向客户端发送数据。具体代码实现如下：

```
ServerSocket.bind(InternetAddress.anyIPv4, 3000)
  .then((bindSocket) {
    bindSocket.listen((clientSocket) {
      //接收客户端发来的数据，并转为 UTF-8 字符串
      utf8.decoder.bind(clientSocket).listen((data) {
        msgStream.add(Message.fromJson(json.decode(data)));
      });
      //保存示例，供后续使用
      clients.add(clientSocket);
    });
  });
```

在上面的代码中，clientSocket 发来的数据为二进制数据，需要转化为 UTF-8 字符串。对于实际应用来说，通常使用 JSON 协议进行数据传输，因此解出字符串后，还需要进一步通过 JSON 解析转化为数据实体，这部分功能将在实战项目中实现。除此之外，还保存了客户端实例，以供后续发送数据时调用。

还有一点需要注意的是，在 bind 中传入 InternetAddress.anyIPv4 表示接收局域网连接，如果想在本机上既当服务器又当客户端试验，需要传入 InternetAddress.loopbackIPv4，这样可通过 127.0.0.1 地址进行本机测试。

❷ 建立 Socket 客户端

Socket 服务器建立完成之后，接下来创建 Socket 客户端并建立连接。通过 Socket.connect 方法建立 Socket 连接，这个方法接收两个参数，分别为服务器 IP 地址与端口号。Socket.connect 是一个异步方法，连接成功后会返回 serverSocket，即服务器 Socket，通过监听可以获取到服务器发来的数据，保留实例，后续可以向服务器发送数据。

在上一节的示例代码中给出了通过 then 回调编写异步代码的方式，本小节使用 async-await 写法来编写建立 Socket 客户端的代码。读者可以对比两段代码的语言风格，async-await 实现了更少的嵌套，具备更高的可读性。具体代码实现如下：

```
void init() async {
  //建立连接并保存 serverSocket 实例
  serverSocket = await Socket.connect("192.168.10.200", 3000);
  //接收服务器发来数据
  utf8.decoder.bind(serverSocket).listen((data) {
    msgStream.add(Message.fromJson(json.decode(data)));
  });
}
```

❸ 通过 Socket 发送字符串数据

在 Dart 中对 Socket 已经进行了非常完善的封装，对于业务开发者来说，操作 Socket 就是在操作一个 Steam。向对方发送数据的操作，被抽象为向对应 Socket 添加一个数据即可，需要注意的是，如果使用字符串传递数据，需要将其转为二进制传入 Stream。具体代码如下：

```
socket.add(utf8.encode("Hello!"));
```

❹ 关闭 Socket 连接

当应用退出时，需要手动关闭 Socket 连接。这个操作一般放在组件的销毁生命周期中，调用 socket 的 close 方法进行关闭，具体的代码实现如下：

```
socket.close();
```

▶▶5.1.2　Flutter 图片资源管理

在开发应用时，经常需要展示图片、字体等资源。在 Flutter 中，资源文件被称为 Assets，资源文件在编译过程中也会被一起打包到应用中。本小节介绍如何向项目中插入图片资源，以及在应用中进行本地图片展示。

❶ 修改 pubspec.yaml 插入图片资源

在 Flutter 项目根目录下创建一个目录，如 images，用于存放图片资源。images 目录创建好后，此时 Flutter 工程还无法找到它，需要将它注册到 pubspec.yaml 中，告诉 Flutter 这个目录是资源目录。

具体做法是打开 pubspec.yaml，在 flutter 配置项下找到 assets 配置项，在其下添加 images 相对于项目根目录的相对路径即可，具体代码如下：

```
flutter:
  assets:
    - images/
```

在上面代码中，需要注意代码缩进，空格过多或过少都会导致报错。

pubspec.yaml 配置完毕后，将图片资源文件放入 images 目录即可。

❷ 使用 Image 组件展示图片

例如，已经向 images 目录中放入了一张名为 001.jpg 的图片资源文件。在 Flutter 中，Image 组件用于图片展示，通过 Image.asset 方法可以从本地加载图片资源。具体代码如下：

```
Image.asset(
    "images/001.jpg",
    width: 500,
```

```
        height: 500,
    ))
```

在上面的代码中，图片的路径引用方式为相对于项目根目录的相对路径，同时可以指定图片的宽高。运行代码显示效果如图 5-1 所示。

▶▶ 5.1.3 使用 ListView 展示长列表数据

Feed 流是目前移动应用中流行的内容呈现方式，实现 Feed 流需要使用长列表组件。对于本章的聊天应用，消息列表也需要使用长列表组件。长列表组件是移动开发中最常用的组件之一。在 Flutter 中，也提供了长列表组件——ListView。

针对使用场景不同，Flutter ListView 提供多种使用方式，下面分别进行介绍。

❶ 静态列表展示

ListView 可以像普通布局一样使用，即通过其 children 属性传入组件列表，这种方式称为静态列表，当元素超过一屏时即可上下滚动。这种方式实现起来非常方便易用，示例代码如下：

● 图 5-1 Image 组件展示本地图片资源

```
ListView(
  children: [
    ListTile(title: Text("列表项1")),
    ListTile(title: Text("列表项2")),
    ListTile(title: Text("列表项3")),
    ListTile(title: Text("列表项4")),
    ListTile(title: Text("列表项5")),
    ListTile(title: Text("列表项6")),
  ],
)
```

在上面的代码中，ListTile 为列表项组件，它封装了一个典型的列表项布局，包括头部、标题文字、尾部等，开发者可以向其中指定组件，比如图片、图标等。运行代码效果如图 5-2 所示。

❷ 静态列表添加分割线

有时需要在长列表的列表项之间添加分割线，Flutter

● 图 5-2 静态列表展示

针对这一场景也提供了专门组件 ListTile.divideTiles，通过它对列表项数组进行封装，就实现了分割线添加。具体代码如下：

```
ListView(
  children:ListTile.divideTiles(
    context: context,
    tiles: [
      ListTile(title: Text("列表项1")),
      ListTile(title: Text("列表项2")),
      ListTile(title: Text("列表项3")),
      ListTile(title: Text("列表项4")),
      ListTile(title: Text("列表项5")),
      ListTile(title: Text("列表项6")),
    ]
  ).toList(),
);
```

运行代码，效果如图 5-3 所示。

❸ 通过 Builder 构建动态列表

静态列表适合于元素个数与内容已知的情况，但在实际中更多的情况下元素个数与内容是未知的。比如根据网络请求结果进行数据展示，此时需要展示的数据是事先未知的，这种情况下需要使用动态列表。Flutter ListView 提供了一种构建动态列表的方式，通过使用 ListView.builder，向其中可传入一个 builder 回调，用于构建列表项，以及一个 itemCount 属性，用于告诉 ListView 列表的长度，之后 ListView 会按照顺序调用 builder 回调，由开发者从列表数据中进行检索并构建视图。具体实例代码如下：

● 图 5-3　静态列表添加分割线

```
Widget createDynamicList() {
  var data = [
    "列表项1", "列表项2", "列表项3",
    "列表项4", "列表项5", "列表项6"
  ];

  return ListView.builder(
    itemCount: data.length,
    itemBuilder: (context, index) {
      return ListTile(
```

```
      title: Text(data[index]),
    );
  });
}
```

运行代码，可以看到最终展示效果与静态列表一样。

❹ 动态列表添加分割线

动态列表如何添加分割线呢？Flutter 提供了 ListView.separated 用于支持带分割线的动态列表。其使用方式与 ListView.builder 一致，不同之处在于还需传入一个 separatorBuilder 回调，用于创建分割线。在这里使用了 Flutter 默认提供的分割线组件 Divider，具体代码实现如下：

```
Widget createDividedDynamicList() {
  var data = [
    "列表项1", "列表项2", "列表项3",
    "列表项4", "列表项5", "列表项6"
  ];

  return ListView.separated(
    itemCount: data.length,
    itemBuilder: (context, index) {
      return ListTile(
        title: Text(data[index]),
      );
    },
    separatorBuilder: (context, index) {
      return Divider();
    },
  );
}
```

运行代码，可以看到最终展示效果也与静态列表添加分割线一样。

▶▶ 5.1.4　通过 Navigator 进行页面跳转

之前几章的实战项目均为单页面应用，但在实际中绝大多数应用均为多页面应用。在 Flutter 中内置了导航路由支持，通过使用 Flutter 的 Navigator 导航框架，能够快速完成多页面应用开发。

❶ 通过 Navigator.push 实现页面跳转

在 Flutter 中，通过 Navigator 提供的 push 方法可以实现页面跳转。在 Flutter 中一切皆组件，并没有单独页面的概念，所谓的页面也是普通的组件（StatefulWidget 或者 StatelessWidget），唯一的不同在于用作页面的组件其 build 布局中的根组件为 Scaffold。

下面以一个单击按钮跳转页面的场景为例，在按钮的单击回调中，调用 Navigator.push 方法，push 方法接收两个参数，一个是 BuildContext，另一个是 Route 实例。其中 route 参数用于指定目标页面，同时它也负责页面跳转过场等配置。Route 本身为抽象类，派生出许多具有不同功能的子类，在这里使用 MaterialPageRoute，它的作用是进行页面切换，并针对不同系统默认切换动效不同做了适配。在 MaterialPageRoute 的构造方法中，接收一个 builder 参数，传入一个回调方法，在回调方法中创建目标页面。具体代码实现如下：

```
class SimplePushA extends StatelessWidget {
  @override
  Widget build(BuildContext context) {
    return Scaffold(
      appBar: AppBar(
        title: Text("Page A"),
      ),
      body: Center(
        child: MaterialButton(
          child: Text("单击跳转 Page B"),
          onPressed: () =>
              Navigator.push(
                context,
                MaterialPageRoute(
                    builder: (context) => SimplePushB())),
        ),
      ),
    );
  }
}

class SimplePushB extends StatelessWidget {
  @override
  Widget build(BuildContext context) {
    return Scaffold(
      appBar: AppBar(
        title: Text("Page B"),
      ),
      body: Center(),
    );
  }
}
```

运行代码，首先展示 Page A，单击屏幕中心的按钮，实现跳转到页面 B。此时看到 Page B 的 AppBar 左侧有返回按钮，单击返回按钮或者单击系统返回按钮，能够再次回到 Page A，具体如图 5-4 所示。

单击跳转 Page B

● 图 5-4 页面跳转

❷ 通过 Navigator.pop 回传数据

在多页面跳转中还有一类典型的应用场景，即从 A 页面跳转到 B 页面后，B 页面需要向 A 页面回传一些数据。在 Flutter 中，可以通过 Navigator.pop 方法关闭当前页，同时 pop 中可以传入参数，即回传给上一页的数据。上一页如何接收这个数据呢？Navigator.push 调用后返回的是一个 Future，因此通过添加 then 方法即可实现返回数据接收。具体代码实现如下：

```
class SimplePopA extends StatelessWidget {
  @override
  Widget build(BuildContext context) {
    return Scaffold(
      appBar: AppBar(
        title: Text("Page A"),
      ),
      body: Center(
        child: MaterialButton(
          child: Text("单击跳转 Page B"),
          onPressed: () {
            Navigator.push(
                context,
                MaterialPageRoute(
                    builder: (context) => SimplePopB()))
                .then((value) => print(value));
          },
        ),
      ),
```

```
          );
        }
      }

      class SimplePopB extends StatelessWidget {
        @override
        Widget build(BuildContext context) {
          return Scaffold(
            appBar: AppBar(
              title: Text("Page B"),
            ),
            body: Center(
              child: Center(
                child: MaterialButton(
                  child: Text("单击关闭并回传数据"),
                  onPressed: () {
                    Navigator.pop(context, "Hello Flutter!");
                  },
                ),
              ),
            ),
          );
        }
      }
```

运行代码，从 Page A 跳转到 Page B，在 Page B 单击"单击关闭并回传数据"返回。观察命令行，能够看到"Hello Flutter!"日志记录。需要注意的是，如果用户在 Page B 通过返回间进行返回，此时回传数据默认为 null，因此在解析回传数据时需要做好判空处理。

▶▶ 5.1.5 聊天工具开发流程

聊天工具底层基于 Socket 通信，基于传统的客户端/服务器（C/S）架构。服务器用来建立端口监听，等待客户端连接。一个服务器可以同时与多个客户端建立连接，为客户端提供统一服务，比如账号登录等。同时服务器也存储全局数据，比如用户的信息，可在用户登录后下发给用户。服务器还有一个重要的功能是数据中转，比如在聊天群中发送一条消息，这条消息会首先传到服务器，服务器收到消息后，知道这是一条要在群中群发的消息，于是会向群中的每一个客户端发送消息。

本章采用了一个简化场景，即只有一个服务器和一个客户端，两者建立连接后可直接互传数据。之所以选择这种架构主要出于教学目的，使读者能够专注于 Flutter 开发与 Dart 网络编程，达到快速熟悉 Flutter 开发的目的。当完成本章的聊天工具后，读者会打下更加扎实的基础，可为开发基于中心服务器架构的网络应用作提高巩固。

与前几章不同的是，从本章起进入多页面应用开发。聊天工具包含两个页面。首页是一个设置页面，供用户选择自己作为服务器还是客户端，以及查看自己当前的 IP 地址。选择完毕后，用户单击"启动"按钮，此时如果是服务器，则开始创建 SocketServer 并等待连入，同时跳转到聊天页面。如果是客户端，则根据用户输入的 Server IP 和端口号建立 Socket 连接，同时跳转到聊天页面。设置首页原型具体如图 5-5 所示。

聊天页面是大家都非常熟悉的，其主内容部分是用于消息展示的长列表。在页面底部包含一个输入框，用户输入完内容后单击发送按钮即可发送。除了文本内容发送外，聊天工具还支持发送表情包，单击表情图标会弹出表情包列表，即可选择表情进行发送。聊天页原型具体如图 5-6 所示。

聊天工具在使用时需要安装到两台设备上，并且位于同一个网络环境下。首先在一台设备上打开聊天工具，输入端口号以服务器模式运行，并记录下服务器的 IP 地址和端口号。之后在另一台设备上打开聊天工具，输入服务器 IP 地址和端口号，单击"启动"按钮。此时，两台设备建立连接完成，就可以进行聊天了。

● 图 5-5 设置首页产品原型图

● 图 5-6 聊天页产品原型图

5.2 创建首页设置页面

本节开始正式进入聊天工具的开发环节。首先创建聊天工具工程，并开发应用的第一个页面——首页设置页面。

▶▶ 5.2.1 搭建聊天工具 Flutter 工程

创建一个新的 Flutter 工程，名为 socket_im_demo。与前几章项目不同的是，聊天工具不再是单页面应用，而是一个多页面应用，因此不再将页面与 lib/main.dart 写在一起。在聊天工具的项目中，创建一个 page 目录，所有的页面都放在 page 下，而 main.dart 则负责应用的全局状态管理，即在 main.dart 的根级状态中维护 Socket 连接。

需要注意的是，由于涉及网络操作，在 Android 与 iOS 的原生工程下需要开启网络相关权限。

首先创建设置主页面，在 page 下创建 SettingHomePage.dart，代码如下：

```
class SettingHomePage extends StatefulWidget {

  @override
  State<StatefulWidget> createState() {
    return _SettingHomeState();
  }
}

class _SettingHomeState extends State<SettingHomePage> {

  @override
  Widget build(BuildContext context) {
    return Scaffold(
        appBar: AppBar(
          title: Text("设置首页"),
        ),
        body: Padding(
          padding: EdgeInsets.all(8),
          child: SingleChildScrollView(
              child: Column(
                children:<Widget>[
                  Text("SettingHomePage"),
                ],
              )),
        ));
  }
}
```

下面修改 lib/main.dart，默认展示 SettingHomePage。具体代码如下：

```
void main() {
  runApp(MyApp());
}
class MyApp extends StatefulWidget {
  @override
  State<StatefulWidget> createState() {
    return _MyAppState();
  }
```

```
}

class _MyAppState extends State<MyApp> {

  @override
  Widget build(BuildContext context) {
    return MaterialApp(
      title: 'Socket IM',
      home: SettingHomePage(),
    );
  }
}
```

运行代码，将展示一个空白的设置首页，具体效果如图 5-7 所示。

● 图 5-7　创建设置首页

▶▶5.2.2　基于 NetworkInterface 展示本机 IP 地址

聊天工具需要通过 IP 地址建立连接，因此在设置首页中首先展示本机 IP 地址，方便用户连接时参照。

在 Flutter 中，可通过 NetworkInterface 类获取到当前系统中的网络接口。通过 NetworkInterface 的 list 方法，会以列表的形式返回网络接口，接下来对这个列表进行遍历，分别取出它的名称及对应的 IP 地址，并拼接成一段字符串进行状态保存，以供文本展示。具体代码如下：

```
class _SettingHomeState extends State<SettingHomePage> {
  String ipAddress = "";

  @override
  void initState() {
    super.initState();
    getIpAddress();
  }

  void getIpAddress() {
    NetworkInterface.list(
        includeLoopback: false,
        type: InternetAddressType.any)
        .then((List<NetworkInterface> interfaces) => {
      setState(() {
        ipAddress = "";
        interfaces.forEach((interface) {
          ipAddress += "${interface.name}\n";
          interface.addresses.forEach((address) {
            ipAddress += "${address.address}\n";
          });
        });
      })
    });
  }

  Widget getDeviceInfo() {
    return Column(
      crossAxisAlignment: CrossAxisAlignment.start,
      children: <Widget>[
        Text(
          "本机 IP 地址",
          style: TextStyle(fontSize: 26),
        ),
        Text(ipAddress)
      ],
    );
  }

  @override
  Widget build(BuildContext context) {
    return Scaffold(
        appBar: AppBar(
          title: Text("设置首页"),
```

```
      ),
      body: Padding(
        padding: EdgeInsets.all(8),
        child: SingleChildScrollView(
            child: Column(
              children:<Widget>[
                getDeviceInfo(),
              ],
            )),
      ));
  }
}
```

运行代码，显示效果如图 5-8 所示。

● 图 5-8 设置首页设备 IP 地址展示

▶▶ 5.2.3 使用 TextField 实现 Server 设置项

在设置首页中，用户可以选择以 Server 或 Client 模式启动。对于 Server 模式而言，需要用户输入想监听的端口号，需要用到输入框组件。还有一点需要注意的是，端口号的取值范围位于 1024～65535 之间。

在 Flutter 中输入框组件为 TextField，TextField 在使用时需要搭配 TextEditingController 一起使用。TextField 在创建时必须指定一个 TextEditingController 实例，TextEditingController 的作用为存储输入框中的值，并供外界进行访问与订阅，可将其看作输入框的状态。需要获取输入框的值时，只需要访问 TextEditingController 的 text 属性即可获取到。需要注意的是，TextEditing-Controller 实例必须在组件的 dispose 生命周期中进行手动释放，具体为调用它的 dispose 方法。

Server 设置项包含一个 TextField 输入框，以及一个启动按钮。将这部分展示代码封装为 getServerConfig 方法，修改_SettingHomeState 代码如下：

```
class _SettingHomeState extends State<SettingHomePage> {
  String ipAddress = "";

  var _serverPortController = TextEditingController();

  ...

  @override
  void dispoe() {
    super.dispose();
    _serverPortController.dispose();
  }

  ...

  Widget getServerConfig() {
    return Column(
      crossAxisAlignment: CrossAxisAlignment.start,
      children:<Widget>[
        Text(
          "Socket Server 模式运行",
          style: TextStyle(fontSize: 26),
        ),
        Row(
          children:<Widget>[
            Text("端口号:"),
            Expanded(
              child:TextField(
                controller: _serverPortController,
                keyboardType: TextInputType.number,
              ),
            )
          ],
        ),
        OutlineButton(
          child: Text("启动"),
          onPressed: () {},
        )
```

```
      ],
    );
  }

  @override
  Widget build(BuildContext context) {
    return Scaffold(
      appBar: AppBar(
        title: Text("设置首页"),
      ),
      body: Padding(
        padding: EdgeInsets.all(8),
        child: SingleChildScrollView(
          child: Column(
            crossAxisAlignment: CrossAxisAlignment.start,
            children: <Widget>[
              getDeviceInfo(),
              SizedBox(height: 12),
              getServerConfig(),
              SizedBox(height: 12),
              Text("注:需先在一台设备上启动 Server,再用另一台设备连接"),
            ],
          )),
      ));
  }
}
```

运行代码，Server 设置项显示效果如图 5-9 所示。

● 图 5-9　设置首页 Server 设置项

▶▶ 5.2.4　使用 TextField 实现 Client 设置项

Client 设置项与 Server 设置项类似，不同之处在于 Client 需要 Server 的 IP 地址和端口号进行连接，因此需要两个输入框。具体的原理与上一小节相同，这里直接给出代码：

```
class _SettingHomeState extends State<SettingHomePage> {
  String ipAddress = "";

  var _serverPortController = TextEditingController();
  var _clientAddressController = TextEditingController();
  var _clientPortController = TextEditingController();

  @override
  void initState() {
    super.initState();
    getIpAddress();
  }

  @override
  void dispoe() {
    super.dispose();
    _serverPortController.dispose();
    _clientAddressController.dispose();
    _clientPortController.dispose();
  }

  ...

  Widget getClientConfig() {
    return Column(
      children:<Widget>[
        Text(
          "Socket Client 模式运行",
          style: TextStyle(fontSize: 26),
        ),
        Row(
          children:<Widget>[
            Text("Server IP:"),
            Expanded(
              child: TextField(
                controller: _clientAddressController,
                keyboardType: TextInputType.number,
              ),
```

```
          )
        ],
      ),
      Row(
        children: <Widget>[
          Text("Server 端口号:"),
          Expanded(
            child: TextField(
              controller: _clientPortController,
              keyboardType: TextInputType.number,
            ),
          )
        ],
      ),
      OutlineButton(
        child: Text("启动"),
        onPressed: () {},
      )
    ],
  );
}


@override
Widget build(BuildContext context) {
  return Scaffold(
    appBar: AppBar(
      title: Text("设置首页"),
    ),
    body: Padding(
      padding: EdgeInsets.all(8),
      child: SingleChildScrollView(
        child: Column(
          crossAxisAlignment: CrossAxisAlignment.start,
          children: <Widget>[
            getDeviceInfo(),
            SizedBox(height: 12),
            getServerConfig(),
            SizedBox(
              height: 12,
            ),
            getClientConfig(),
            SizedBox(height: 12),
```

```
        Text("注:需先在一台设备上启动 Server,再用另一台设备连接"),
      ],
    )),
  ));
  }
}
```

至此设置首页的完整界面搭建完成，运行代码，效果如图 5-10 所示。

● 图 5-10 设置首页完整界面

5.3 建立 Socket 通信

设置首页开发完成后，接下来开发 Socket 通信框架，并实现与设置首页界面打通。在本节的最后的一个小节中，将进行联调，确保两台设备间能够成功通信。

▶▶ 5.3.1 创建消息 Model 并进行 JSON 序列化

数据结构对于程序开发而言非常重要，在聊天工具中，用户之间互相发送消息，在面向对象编程中，每个实体都要声明一个类与之对应，而只包含数据的类通常被称为 Model。因此在本小节中，先创建消息 Model。

在项目的根目录下创建 model 子目录，之后创建/model/Message.dart，作为消息的 Model，具体代码如下：

```
class Message {
  static const String TYPE_USER = "user";
  static const String TYPE_SYSTEM = "system";
  static const String TYPE_ME = "me";

  final String from;
  final String msg;
  final String meme;

  Message(this.from, this.msg, this.meme);
}
```

在上面的代码中，Message 包含 3 个成员，from 表示一条消息来自何处，定义了 3 个常量表示可能的来源，分别是 TYPE_USER 表示来自对方，TYPE_SYSTEM 表示系统消息，TYPE_ME 表示来自自己。msg 表示这条消息的文本内容。meme 表示这条消息的表情。一条消息可能是文本消息，也可能是表情消息，但是只能是其一。也就是说，这里约定对于同一条消息，msg、meme 只允许其中一个有值。

Socket 网络连接可以看作一条双向管道，在管道中传输的是字节流。字符串数据本质上也是一段字节，因此可以通过管道进行传输。如何才能使 Message 实例在管道中传输呢？一种业界常用的方式是 JSON 序列化，JSON 是一种用字符串描述数据的方式。当发送消息时，将 Message 对象首先序列化成 JSON 字符串，再获得这段字符串的二进制数据，通过 Socket 传递到对方。对方收到这段二进制数据，首先将其恢复成字符串，之后再通过 JSON 反序列化，恢复成 Message 对象进行展示，这就是 Message 数据通过网络传递的过程。

要让 Message 支持 JSON 序列化、反序列化，首先需要对 Message 进行相应的扩充。添加一个工厂方法 fromJson 用于从 JSON 字符串恢复 Message 实例，再添加一个 toJson 方法用于将 Message 转换为 JSON 字符串。具体代码如下：

```
class Message {
  static const String TYPE_USER = "user";
  static const String TYPE_SYSTEM = "system";
  static const String TYPE_ME = "me";

  final String from;
  final String msg;
  final String meme;

  Message(this.from, this.msg, this.meme);

  Message.fromJson(Map<String, dynamic> json)
    : from = json['type'],
```

```
    msg = json['msg'],
    meme = json['meme'];

  Map<String, dynamic> toJson() => <String, dynamic> {
    'type': from,
    'msg': msg,
    'meme': meme
  };
}
```

在上面的代码中，可以看到 fromJson 的接收类型及 toJson 的返回类型都不是字符串，而是 Map 的字典，这是因为这两个方法处理的是中间过程，还需要借助 Dart 的 convert 库实现完整功能。

下面说明如何进行 JSON 序列化，首先创建一个 Message 实例，调用 dart：convert 库的 jsonEncode 方法，具体代码如下：

```
Message msg = Message(
  "me", "Hello", "");

print(jsonEncode(msg));
```

运行代码，得到这条消息的 JSON 序列化结果如下：

```
{"type":"me","msg":"Hello","meme":""}
```

反过来，如何通过这段 JSON 字符串恢复出 Message 示例呢？首先调用 dart：convert 的 jsonDecode 方法，得到一个 Map<String, dynamic> 类型的对象，之后传入 Message 的 fromJson 工厂函数中即可，具体代码如下：

```
String jsonStr = '{"type":"me","msg":"Hello","meme":""}';

Map msgMap = jsonDecode(jsonStr);

Message msg = Message.fromJson(msgMap);

print(msg);
print(msg.msg);
```

运行代码，可以看到从 JSON 字符串中成功恢复出 Message 类的实例，并成功访问了 Model 类的属性，具体运行结果如下：

```
Instance of 'Message'
Hello
```

▶▶ 5.3.2　创建 Socket 通信基类 BaseSocketCS

Message JSON 序列化封装完成后，接下来进入 Socket 通信框架开发。在开发一个框架时，首先需要进行架构设计，找到合理的设计模式或合理的类继承关系。在聊天工具中，应用需要首先在服务器模式与客户端模式中选择其一，但不论选择哪种模式，对于聊天界面而言，需要的功能都是一样的：发送消息、监听消息。因此根据面向对象设计思想，可以抽出一个通用基类。

在项目根目录下创建 net 子目录，用来存放网络相关的代码，再创建/net/Socket.dart，存放与 Socket 网络通信相关的类。创建基类 BaseSocketCS，其代码如下：

```
class BaseSocketCS {

  var msgStream = StreamController<Message>();

  void init() async {}

  void send(Message msg) {}

  @mustCallSuper
  void dispose() {
    msgStream.close();
  }
}
```

在上面的代码中，BaseSocketCS 包含一条 msgStream 信息流。当网络底层 Socket 接收到信息后，会将解析后的信息抛到 msgStream 上，在上层业务（如聊天界面）中，会订阅这条信息流。这样，通过响应式的方式，每当底层收到信息，在 UI 上就能够立即展示出来。init 方法用于初始化 Socket，在基类中是空实现，由派生类去覆写对应逻辑，对于服务器来说覆写逻辑为创建服务器 Socket 监听，而对于客户端来说覆写逻辑为创建 Socket 连接服务器。send 方法为发送消息。dispose 方法用于关闭 Socket 连接，并使用@ mustCallSuper 注解，这会提示开发者在子类覆写这个方法时，不要忘记调用父类方法。

▶▶ 5.3.3　基于 ServerSocket 创建 Socket 服务器

有了 BaseSocketCS 基类后，接下来派生出 Socket 服务器类，类名为 SocketServer。这个类也写在/net/Socket.dart 中，其具体代码如下：

```
class SocketServer extends BaseSocketCS {

  ServerSocket serverSocket;
  List<Socket> clients = [];
```

```
    int port;

    SocketServer(this.port);

    @override
    void init() async {
      ServerSocket.bind(InternetAddress.anyIPv4, port)
        .then((bindSocket) {
          serverSocket = bindSocket;
          serverSocket.listen((clientSocket) {
            utf8.decoder.bind(clientSocket).listen((data) {
              msgStream.add(Message.fromJson(json.decode(data)));
            });
            clients.add(clientSocket);
          });
        });
    }

    @override
    void send(Message content) async {
      for (var client in clients) {
        client.add(utf8.encode(json.encode(content)));
      }
    }

    @override
    void dispose() {
      super.dispose();
      for (var socket in clients) {
        socket.close();
      }
      serverSocket.close();
    }
  }
```

在上面的代码中，首先看 SocketServer 的类成员。serverSocket 的类型为 ServerSocket，这是 Dart 提供的 Socket 服务器通信类，通过它可以实现 Socket 监听。clients 为连接到当前服务器的客户端，为列表结构。从中可以看出，尽管在聊天工具的设计中，是一台客户端与一台服务器相连，实际上是允许多台客户端与一台服务器相连。port 为监听端口号，即设置首页中的用户输入值。

在 init 方法中通过 ServerSocket 的 bind 方法进行接口绑定。这里传入两个参数，第一个是 InternetAddress.anyIPv4，表示监听当前网络下 IPv4 地址发起的请求。第二个参数为端口号。

bind 是一个异步方法，完成后会返回 bindSocket，类型为 ServerSocket，因此将其赋值给 server-Socket 类成员。之后调用 serverSocket 的 listen 方法进行服务监听，每当有客户端连入，回调监听中就会被触发一次，细心的读者可以看出，这里是通过 Stream 流的方式进行订阅，这种 Stream 流的用法在 Dart 中广泛存在。

在服务监听函数中，clientSocket 这条管道中传来的数据也是通过 Stream 流的方式传输，但传来的是二进制数据，因此首先需要将其转换为字符串数据。这里使用了用 utf8.decoder 流去绑定 clientSocket，相当于是将两个管道连接到了一起，再进行 listen 就得到了字符串数据。在对字符串数据的监听中，又通过 Message.fromJson 进行 JSON 反序列化，将字符串转换为 Message 实例，最终添加到了 msgStream 消息流中。

在 init 的最后，接收到 clientSocket 连接后还要将其存入 clients 列表，以便在 dispose 销毁时关闭连接，释放系统资源。

接下来再看发送消息的 send 方法，它接收一个 Message Model 的实例，首先进行序列化转为 JSON String，再将 String 转为二进制，添加到 clientSocket 流上，发送给对方。

▶▶ 5.3.4　基于 Socket 创建 Socket 客户端

Socket 客户端的实现比服务器要简单一些，因为无须进行服务监听与客户端维护。对于客户端而言，只需要维护自己的 Socket 连接，并连接到服务器监听数据即可。Socket 客户端也写在/net/Socket.dart 中，其具体代码为：

```
class SocketClient extends BaseSocketCS {
  Socket clientSocket;
  String address;
  int port;

  SocketClient(this.address, this.port);

  @override
  void init() async {
    clientSocket = await Socket.connect(address, port);
    utf8.decoder.bind(clientSocket).listen((data) {
      msgStream.add(Message.fromJson(json.decode(data)));
    });
  }

  @override
  void send(Message content) {
    clientSocket.add(utf8.encode(json.encode(content)));
  }
```

```
    @override
    void dispose() {
      super.dispose();
      clientSocket.close();
    }
}
```

在上面的代码中，还是先看成员变量。成员变量 socket 用于进行 Socket 连接。address 和 port 分别表示服务器的 IP 地址和端口号。

需要注意的是 init 是一个异步方法，因为 Socket.connect 本身是一个异步方法，但通过添加 await 将异步转为同步，在 init 内是同步执行的，会等到 connect 连接完成后再走到下一行。连接建立后，同样是将二进制流与 utf8.decoder 流相连，输出字符串，并在监听中将字符串转为 Message 消息实例添加到 msgStream 流当中。

send、dispose 方法与服务器端的 send 方法相同，这里不再赘述。

▶▶ 5.3.5　在_MyAppState 中接入 Socket 框架

Socket 服务器和 Socket 客户端通信类开发好后，接下来需要在应用中进行接入。Socket 通信类的生命周期是横跨多个页面的，在设置首页中根据用户输入创建实例，在聊天页调用通信类实例进行通信，因此通信类的实例应当存放在_MyAppState 状态中。

在_MyAppState 中创建_socketCS 状态，其类型为 BaseSocketCS，即保存通信类的基类。这是因为用户在使用时，不论是创建 Socket 服务器还是 Socket 客户端，一旦创建完成后，后续的调用方式都是相同的（发送消息、接收消息、释放），无须进行区分。

修改_MyAppState 代码如下：

```
class _MyAppState extends State<MyApp> {
  BaseSocketCS _socketCS;

  List<Message> _messages = [];

  void createServer(int port) {
    _socketCS = SocketServer(port);
    initSocketCS();
  }

  void createClient(String address, int port) {
    _socketCS = SocketClient(address, port);
    initSocketCS();
  }
```

```
void initSocketCS() {
  _socketCS.init();
  _socketCS.msgStream.stream.listen((msg) {
    debugPrint(msg.toJson().toString());
    setState(() {
      _messages.insert(0, msg);
    });
  });
}

void onSendMessage(String msgText, String meme) {
  var msgToUser = Message(Message.TYPE_USER, msgText, meme);
  var msgToMe = Message(Message.TYPE_ME, msgText, meme);
  _socketCS.send(msgToUser);
  setState(() {
    _messages.insert(0, msgToMe);
  });
}

void goToChatPage(BuildContext childContext) {}
@override
void dispose() {
  super.dispose();
  _socketCS?.dispose();
}

@override
Widget build(BuildContext context) {
  return MaterialApp(
    title: 'Socket IM',
    home: SettingHomePage(
        this.createServer,
        this.createClient,
        this.goToChatPage),
  );
}
}
```

在上面的代码中，createServer 与 createClient 分别用于创建 Socket 通信类 SocketServer 与 SocketClient 实例，实例创建完成后均存入_socketCS。实例创建完成后调用 initSocketCS 进行初始化，在 Socket 初始化函数中，对于 SocketServer 会进行端口监听，对于 SocketClient 会进行

Socket 连接，这也是为什么在实际使用中需要先启动服务器，再启动客户端。之后对 BaseSock-etCS 中的流进行监听，将接收到的消息存入 messages 列表中。

onSendMessage 方法的功能是发送消息，在后续小节的聊天页将会用到，当用户按下发送按钮最终会调用这一方法。首先创建了两个 Message 实例，一个用于通过 Socket 通道发送，一个用于插入 messages 列表在本地回显。

goToChatPage 方法的功能是跳转到聊天页，触发的时机是用户在设置首页单击"启动"按钮时。由于聊天页尚未创建，这个方法暂时留空，待后续小节中实现。

在_MyAppState 的 dispose 方法中加入了对_socketCS 的释放逻辑，并且采用空类型安全的释放方式。这是因为用户可能进入应用后立刻退出，此时 Socket 通信类实例尚未创建，_socketCS 还是空的，如果对它直接调用 dispose 会造成空指针异常。

在 build 方法中，可以看到 SettingHomePage 的构造参数发生了变化，将_MyAppState 的几个成员方法传到了 SettingHomePage 中。这是 Flutter 中进行父子组件间通信的一种方式，传入的方法在 SettingHomePage 中可以以回调函数的形式进行调用。

下面详细介绍 SettingHomePage 如何接收并使用由父组件传入的回调方法。首先修改 SettingHomePage 类，对传入的回调函数进行保存，具体代码如下：

```
class SettingHomePage extends StatefulWidget {
  Function(int port) _createServerCallback;
  Function(String address, int port) _createClientCallback;
  Function(BuildContext childContext) _goToChatPage;

  SettingHomePage(
      this._createServerCallback,
      this._createClientCallback,
      this._goToChatPage);

  @override
  State<StatefulWidget> createState() {
    return _SettingHomeState();
  }
}
```

在上面的代码中，创建了 3 个 Function 类型的成员存放传入的回调方法。这里需要注意 Function 类型的声明方式，需要同时指定回调方法的参数类型才能实现正确对应。

接下来修改_SettingHomeState 的代码，加入对上述回调的调用，实现设置首页与_MyApp-State 中实际逻辑的打通。_SettingHomeState 的最终完整代码如下：

```
class _SettingHomeState extends State<SettingHomePage> {
  String ipAddress = "";
```

```dart
var _serverPortController = TextEditingController();
var _clientAddressController = TextEditingController();
var _clientPortController = TextEditingController();

@override
void initState() {
  super.initState();
  getIpAddress();
}

@override
void dispoe() {
  super.dispose();
  _serverPortController.dispose();
  _clientAddressController.dispose();
  _clientPortController.dispose();
}
void getIpAddress() {
  NetworkInterface.list(
      includeLoopback: false,
      type: InternetAddressType.any)
      .then((List<NetworkInterface> interfaces) => {
    setState(() {
      ipAddress = "";
      interfaces.forEach((interface) {
        ipAddress += "${interface.name}\n";
        interface.addresses.forEach((address) {
          ipAddress += "${address.address}\n";
        });
      });
    })
  });
}

Widget getDeviceInfo() {
  return Column(
    crossAxisAlignment: CrossAxisAlignment.start,
    children:<Widget>[
      Text(
        "本机 IP 地址",
        style: TextStyle(fontSize: 26),
      ),
      Text(ipAddress)
```

```
      ],
    );
  }

  Widget getServerConfig() {
    return Column(
      crossAxisAlignment: CrossAxisAlignment.start,
      children:<Widget>[
        Text(
          "Socket Server 模式运行",
          style: TextStyle(fontSize: 26),
        ),
        Row(
          children:<Widget>[
            Text("端口号:"),
            Expanded(
              child: TextField(
                controller: _serverPortController,
                keyboardType: TextInputType.number,
              ),
            )
          ],
        ),
        OutlineButton(
          child: Text("启动"),
          onPressed: () {
            widget._createServerCallback
                .call(int.parse(_serverPortController.text));
            widget._goToChatPage(context);
          },
        )
      ],
    );
  }

  Widget getClientConfig() {
    return Column(
      crossAxisAlignment: CrossAxisAlignment.start,
      children:<Widget>[
        Text(
          "Socket Client 模式运行",
          style: TextStyle(fontSize: 26),
        ),
        Row(
```

```
        children: <Widget>[
          Text("Server IP:"),
          Expanded(
            child: TextField(
              controller: _clientAddressController,
              keyboardType: TextInputType.number,
            ),
          )
        ],
      ),
      Row(
        children: <Widget>[
          Text("Server 端口号:"),
          Expanded(
            child: TextField(
              controller: _clientPortController,
              keyboardType: TextInputType.number,
            ),
          )
        ],
      ),
      OutlineButton(
        child: Text("启动"),
        onPressed: () {
          widget._createClientCallback.call(
              _clientAddressController.text,
              int.parse(_clientPortController.text));
          widget._goToChatPage(context);
        },
      )
    ],
  );
}
@override
Widget build(BuildContext context) {
  return Scaffold(
    appBar: AppBar(
      title: Text("设置首页"),
    ),
    body: Padding(
      padding: EdgeInsets.all(8),
      child: SingleChildScrollView(
        child: Column(
          crossAxisAlignment: CrossAxisAlignment.start,
```

```
                    children:<Widget>[
                      getDeviceInfo(),
                      SizedBox(
                        height: 12,
                      ),
                      getServerConfig(),
                      SizedBox(
                        height: 12,
                      ),
                      getClientConfig(),
                      SizedBox(
                        height: 12,
                      ),
                      Text("注:先在一台设备启动 Server,再用另一台连接"),
                    ],
                  )),
              ));
        }
      }
```

▶▶ 5.3.6 双端 Socket 通信联调

到目前位置，聊天工具的 Socket 底层通信类已开发完成，设置首页也已开发完成。但是，它们是否能正常工作呢？在继续开发聊天页之前，需要停下脚步，先来确保到目前为止的工作成果是正确的。对于聊天工具，需要进行联调工作，即测试 Socket 服务器与 Socket 客户端间是否能够正常通信。

联调在实际软件开发中是一个非常重要的环节。这是因为在实际工作中软件由不同的部门合作开发，在开发过程中，各个部门根据事先约定好的接口各自独立开发。开发完成后，软件是否能够按照事先约定正确执行，则需要通过联调来验证。同时，通过实际联调，又会发现许多在事前方案设计时疏漏和不合理的地方，甚至会推动方案重新设计、完善，以保障软件的高质量。

忽视联调会导致软件缺陷未能及时发现，并将这一隐患带到线上。对于商业软件项目，有千万级甚至亿级的资金流水在软件上流转，一旦线上出现重大 Bug，会对业务造成巨大的损失。因此，在入门和学习的过程中，开发者需要培养严谨的态度，重视自测与联调环节。

回到聊天工具的案例，本节联调的目标是在一台设备上以 Socket 服务器模式启动，再拿一台设备，以 Socket 客户端模式启动，建立连接后，客户端向服务器发送一条消息，服务器收到消息后再向客户端发送一条消息。

为了实现消息发送与消息展示，需要插入一些临时代码用于联调测试。这部分测试代码在联调成功之后需要删除。

来到 lib/net/Socket.dart,修改 SocketClient 的 init 方法,在连接完成后手动发送一条消息,具体代码如下:

```
@override
void init() async {
  clientSocket = await Socket.connect(address, port);
  utf8.decoder.bind(clientSocket).listen((data) {
    msgStream.add(Message.fromJson(json.decode(data)));
    // 测试代码,联调完成后需删除
    debugPrint(data);
  });
  //测试代码,联调完成后需删除
  send(Message(Message.TYPE_USER, "Hello", ""));
}
```

修改 SocketClient 的 init 方法,在收到消息后自动回复一条消息,具体代码如下:

```
@override
void init() async {
  ServerSocket.bind(InternetAddress.anyIPv4, port)
    .then((bindSocket) {
      serverSocket = bindSocket;
      serverSocket.listen((clientSocket) {
        utf8.decoder.bind(clientSocket).listen((data) {
          msgStream.add(Message.fromJson(json.decode(data)));
          //测试代码,联调完成后需删除
          debugPrint(data);
          send(Message(Message.TYPE_USER, "Hello, too", ""));
        });
        clients.add(clientSocket);
      });
    });
}
```

下面在两台设备上运行代码,第一台设备以服务器模式启动,第二台设备连接对应的 IP 地址与端口号,以客户端模式启动。当第二台设备启动完成后,观察两台设备的日志输出。设置首页的配置方式如图 5-11 和图 5-12 所示。

分别依次启动后,观察两台设备的日志输出,在运行服务器模式的设备上看到以下日志:

```
{"type":"user","msg":"Hello","meme":""}
```

在运行客户端模式的设备上看到以下日志:

```
{type: user, msg: Hello, too, meme: }
```

● 图 5-11　服务器模式设置　　　　● 图 5-12　客户端模式设置

如果能够成功看到以上两条日志，说明通信成功，联调目标达成，可以进入下一阶段对聊天页的开发了。

5.4 建立聊天页面

通过上一节的开发可以看出，聊天工具的业务逻辑都在_MyAppState 中通过 Socket 通信框架完成了。聊天页的工作主要集中于处理用户输入，以及对 Message 信息进行列表展示。这也是组件化设计思想的一种体现，即 UI 组件主要负责用户交互和视图展示，功能组件主要负责业务逻辑，两者之间通过接口或者状态管理器进行交互。基于这种组件化的思想，能够降低模块间的耦合，提升组件的复用性和代码质量。

在本节中进行聊天页的开发实现。创建 lib/page/ChatPage.dart，首先编写 ChatPage 类：

```
class ChatPage extends StatefulWidget {
  final List<Message> _messages;
  final Function(String msgText, String meme) _sendMsg;

  ChatPage(this._messages, this._sendMsg);

  @override
  _ChatPageState createState() => _ChatPageState();
}
```

在上面的代码中，ChatPage 主要接收两个构造参数，一个是_messages 消息列表，一个是_sendMsg发送消息回调方法。这两个参数均在上一节的_MyAppState中实现。

接下来实现_ChatPageState，即聊天页的布局部分。首先搭建页面的整个布局框架，即从上到下使用一个 Column 组件封装，ListView 位于上方，通过 getListView 方法创建，消息输入组件位于底部，通过 getInputPanel 方法创建。ListView 使用 Flexible 组件进行包装，其作用是让列表能够尽可能地占满屏幕空间，并且随着输入组件的展开与收起自适应地调节列表高度。具体代码如下：

```
class _ChatPageState extends State<ChatPage> {

  Widget getInputPanel() { … }
  Widget getListView() { … }
  @override
  Widget build(BuildContext context) {
    return Scaffold(
      backgroundColor: Colors.grey[100],
      body: Center(
        child: Column(
          children: <Widget>[
            Flexible(
              child: Padding(
                padding: EdgeInsets.all(8),
                child: getListView(),
              ),
            ),
            getInputPanel()
          ],
        ),
      ),
    );
  }
}
```

▶▶ 5.4.1 基于 ListView 实现消息列表

从上面的代码中可以看出，消息列表由 getListView( )方法进行创建，本小节来实现这一方法。消息列表基于 Flutter 的长列表组件 ListView 实现，在 ListView 的众多创建方式中，本小节选用 ListView.Builder 方式进行构建，这是一种适合于数据量大且长度动态变化的构造方式。

在 getListView( )的列表 builder 方法中，数据源为 ChatPage 中由_SettingHomeState 传入的_messages，列表的长度为_messages 列表的长度。在元素项目的渲染函数中，取出当前索引对应的 Message 对象，并基于它构造一个 MessageComponent 组件。MessageComponent 用于对消息进行展示，将在下一小节中进行介绍。具体代码如下：

```
Widget getListView() {
  return ListView.builder(
    reverse: true,
    itemBuilder: (_, int index) {
      Message msg = widget._messages[index];
      return MessageComponent(msg);
    },
    itemCount: widget._messages.length,
  );
}
```

在上面的代码中，对长列表设置了 reverse 为 true，这是由聊天消息列表的展示顺序特点所决定的。ListView 默认将列表中的 0 号元素展示在上方，并从上往下递增。在_messages 列表中，由于每次接收到新消息都插入列表的头部，因此长列表应当反过来，将 0 号元素展示在列表下方，并从下向上递增。

▶▶ 5.4.2 基于 Container 实现消息组件

接下来创建 MessageComponent 组件，创建 lib/components/MessageComponent.dart。Message-Component 是一个无状态组件，基于 Container 组件实现。对于 Container 组件相信读者们已经非常熟悉了，这里直接给出 MessageComponent 的代码实现：

```
class MessageComponent extends StatelessWidget {
  final Message _msg;

  MessageComponent(this._msg);

  Widget showMessage() {
    return Text(_msg.msg);
  }

  Widget containerOpposite(BuildContext context) {
    return Row(
      mainAxisAlignment: MainAxisAlignment.start,
      children:<Widget>[
        Container(
          padding: EdgeInsets.all(15),
          margin: EdgeInsets.fromLTRB(0, 6, 0, 6),
          constraints:
          BoxConstraints(
```

```
                maxWidth: MediaQuery.of(context).size.width * 0.6),
            decoration: BoxDecoration(
                color: Colors.white,
                borderRadius: BorderRadius.only(
                    topRight: Radius.circular(25),
                    bottomLeft: Radius.circular(25),
                    bottomRight: Radius.circular(25)
                )),
            child: showMessage(),
        )
    ],
    );
}
Widget containerMe(BuildContext context) {
    return Row(
        mainAxisAlignment: MainAxisAlignment.end,
        children: <Widget>[
            Container(
                padding: EdgeInsets.all(15),
                margin: EdgeInsets.fromLTRB(0, 6, 0, 6),
                constraints:
                    BoxConstraints(
                        maxWidth: MediaQuery.of(context).size.width * 0.6),
                decoration: BoxDecoration(
                    color: Colors.green[300],
                    borderRadius: BorderRadius.only(
                        topLeft: Radius.circular(25),
                        topRight: Radius.circular(25),
                        bottomLeft: Radius.circular(25),
                    )),
                child: showMessage(),
            )
        ],
    );
}


@override
Widget build(BuildContext context) {
    if (_msg.from == Message.TYPE_ME) {
        return containerMe(context);
    } else {
        return containerOpposite(context);
    }
}
}
```

在上面的代码中，实现了两种消息气泡，一种表示对方发来的消息，通过 containerOpposite 方法实现，另一种表示自己发出的消息，通过 containerMe 方法实现。并在 build 方法中，通过判断消息类型来返回对应的消息气泡。

在两种消息气泡中，都调用了 showMessage 进行消息内容渲染。目前的代码只是返回一个简单的 Text 组件。在后续章节表情包功能的开发中，将会对这一方法进行扩充。

▶▶ 5.4.3　基于 Navigator 实现页面跳转

消息列表代码开发完了，但是目前为止还无法看到具体消息的展示效果，本小节进行相关完善工作，并最终通过 Mock 数据的方式展示 Mock 消息列表，进行展示效果的自测。

首先，需要完成从设置首页到聊天页的跳转，即_MyAppState 的 goToChatPage 方法，具体代码实现为：

```
void goToChatPage(BuildContext childContext) {
  Navigator.of(childContext).pushReplacement(
      MaterialPageRoute(builder:
          (context) => ChatPage(_messages, onSendMessage)));
}
```

在上面的代码中，调用了 Navigator 的 pushReplacement 方法。pushReplacement 与 push 方法不同，对于 push 方法，入栈一个新页面之后，在新页面中单击返回，还能够返回原页面；而对于 pushReplacement 方法，入栈新页面时，新页面会直接替换老页面，执行的是栈顶替换操作。在本章的场景下，所实现的功能是从设置首页跳转到聊天页，在聊天页中单击返回则直接退出应用。

还有一点需要注意的是，由于_MyAppState 是 SettingHomePage 的父组件，在 Navigator 跳转时需要使用子组件 SettingHomePage 的 BuildContext，如果这里使用_MyAppState 的 BuildContext，将会导致报错。

另外，在聊天页 ChatPage 的构造参数中可以看出，分别传入了消息列表与消息发送回调，这是 Socket 通信业务层与 UI 展示层对接的接口。

再次运行应用，当用户单击"启动"按钮后将会进入聊天页，不过此时聊天页的内容还是空白，因此需要填充一些消息。在_MyAppState 的 initState 中添加以下代码：

```
// Mock 代码,测试完删除
@override
void initState() {
  super.initState();
  _messages.insert(0,
      Message(Message.TYPE_USER, "你好!", ""));
```

```
_messages.insert(0,
    Message(Message.TYPE_ME, "你好! 很高兴认识你!", ""));
_messages.insert(0,
    Message(Message.TYPE_USER, "我也是!", ""));
}
```

再次运行程序,从设置首页进入聊天页,可以看到消息列表展示效果如图 5-13 所示。如果在编译过程中,遇到 ChatPage 的 getInputPanel 方法尚未实现,由于默认返回 null 而报错,可在_ChatPageState 的 build 方法中,将 getInputPanel 从 Column 中暂时注释掉即可。

▶▶ 5.4.4　使用 TextField 实现消息输入组件

消息列表完成后,接下来实现聊天页中的消息输入组件,即 ChatPage 中的 getInputPanel 方法。消息列表组件整体布局由 Container 和 Row 组合而成,在 Row 组件中,首先放入输入框 TextField,并通过 Flexible 组件包裹输入框,使其充分占满横向空间。之后在右侧插入两个图标按钮,分别是表情按钮和发送按钮。

输入框需要有对应的 TextEditingController 与之进行绑

● 图 5-13　消息列表展示效果

定,并在 initState 和 dispose 生命周期方法中进行对应的创建与释放工作。具体实现代码如下:

```
class _ChatPageState extends State<ChatPage> {
  TextEditingController _msgController;

  @override
  void initState() {
    super.initState();
    _msgController = TextEditingController();
  }

  @override
  void dispose() {
    _msgController.dispose();
  }
  Widget getInputPanel() {
    return Container(
      padding: EdgeInsets.fromLTRB(4, 4, 0, 0),
      color: Colors.white,
```

```
        child: Column(
          children: <Widget>[
            Row(
              children: <Widget>[
                Flexible(
                  child: TextField(
                    autofocus: true,
                    controller: _msgController,
                  ),
                ),
                IconButton(
                  icon: Icon(Icons.face),
                  iconSize: 32,
                  color: Colors.grey[600],
                  onPressed: () => null,
                ),
                SizedBox(
                  width: 12,
                  height: 0
                ),
                IconButton(
                  icon: Icon(Icons.send),
                  iconSize: 32,
                  color: Colors.grey[600],
                  onPressed: () {
                    widget._sendMsg(_msgController.text, "");
                    _msgController.clear();
                  },
                )
              ],
            ),
          ],
        ),
      );
    }

    ...

    @override
    Widget build(BuildContext context) {
      return Scaffold(
        backgroundColor: Colors.grey[100],
        body: Center(
          child: Column(
            children: <Widget>[
```

```
    Flexible(
      child: Padding(
        padding: EdgeInsets.all(8),
        child: getListView(),
      ),
    ),
    getInputPanel()
   ],
  ),
 ),
);
}
}
```

在上面的代码中，发送按钮的单击回调中调用了父组件的_sendMsg 回调方法，实现了消息发送的全链路打通。再次在两台设备上运行程序，可以实现相互消息发送了，具体效果如图 5-14 与图 5-15 所示。

● 图 5-14　一台设备上编辑消息

● 图 5-15　另一台设备接收消息

5.5　使用 Image 组件扩展表情包功能

前面已经完成了聊天工具的基础功能，在基础功能之上还可以进一步扩展出更多高级功能。表情包是如今网络聊天中必不可少的元素，它可以帮助人们更好地表达情绪、化解尴尬，并且给沟通带来更多欢乐。可以说，没有表情包的聊天是没有"灵魂"的。

本节为聊天工具添加表情包功能。从 Flutter 学习的角度，这一节有两个目标，一是对 Image 这一常用组件进行实战运用，加深理解。第二是积累迭代式应用开发的经验，在实际的软件开发工作中，会不断地向软件扩展功能。在迭代的过程当中，最初的框架是否能够支持新功能，或者代码整体架构是否还能保持清晰至关重要。

❶ 向 assets 目录中添加表情包图片

表情包的实现原理是通过 Flutter 的资源管理机制，向工程中插入图片资源，这些图片资源会在 Flutter 打包进应用中。当用户发送表情时，实际发送的是对应表情图片的文件名，在代码中根据文件名加载出对应的图片。

首先在项目的根目录下创建 images 目录，用于存放图片资源。从网络上寻找几张喜欢的表情图片放入 images 目录中。在复制图片时对图片进行了重命名，改名为 001.jpg、002.jpg、003.jpg、004.jpg 方便在代码中引用。

接下来需要修改 pubspec.yaml，将 images 设置为资源目录，只有在这里设定后 Flutter 才能够正确识别到。具体代码如下：

```
assets:
  - images/
```

❷ 使用 SingleChildScrollView 扩展表情选择功能

在 ChatPage 的 getInputPanel 方法中实现了消息输入组件，其中有一个表情选择按钮，在前面的小节尚未实现具体逻辑。表情选择功能在原有消息输入组件的基础上进行扩展，具体效果为单击表情按钮，消息输入组件会展开，在底部展示出表情选择界面。表情选择界面基于 SingleChildScrollView 组件，实现了局部滚动功能。当用户单击某一表情后，消息输入组件自动收起，并发送一条表情消息，在消息列表中展示。

来到 lib/page/ChatPage.dart，首先实现单击表情按钮展开消息输入组件，通过添加一个布尔状态 memeShown 实现，当单击表情按钮时将它设置为 true，而在消息输入组件的展示方法 getInputPanel 中，再判断这个状态决定是否展示表情选择布局。具体代码如下：

```
class _ChatPageState extends State<ChatPage> {
  bool memeShown = false;

  …

  Widget getMemeComponent() { … }

  Widget getInputPanel() {
```

```
    return Container(
      padding: EdgeInsets.fromLTRB(4, 4, 0, 0),
      color: Colors.white,
      child: Column(
        children: <Widget>[
          ...
          if (memeShown) getMemeComponent()
        ],
      ),
    );
  }

  ...
}
```

表情选择布局的实现位于 getMemeComponent 方法，它的根布局是一个 Container 并限定了高度为 200，这样当存在大量表情包时，表情布局的高度是固定的，在其内部是可滚动的。Container 内部包含一个 SingleChildScrollView 组件，实现在有限高度的容器内部滚动。SingleChildScrollView 内为一个 Wrap 布局，Wrap 与 Row 类似，区别在于当子元素超出容器的宽度后，Wrap 能另起一行继续摆放元素。具体代码如下：

```
Widget createMemeIcon(String imageRes) {
  return GestureDetector(
    onTap: () {
      widget._sendMsg("", imageRes);
    },
    child: Image.asset(imageRes, width: 100, height: 100),
  );
}

Widget getMemeComponent() {
  return Container(
    height: 200,
    child: SingleChildScrollView(
      child: Wrap(
        spacing: 16,
        runSpacing: 4,
        children: <Widget>[
          createMemeIcon("images/001.jpg"),
          createMemeIcon("images/002.jpg"),
          createMemeIcon("images/003.jpg"),
          createMemeIcon("images/004.jpg"),
        ],
      ),
    ),
  );
}
```

在上面的代码中，通过 createMemeIcon 方法创建表情包图片，传入的参数就是上一小节向 assets 目录中放入的图片。在 createMemeIcon 方法中，通过 Image.asset 进行本地图片加载，并通过 GestureDetector 包裹为 Image 添加了单击回调，在单击回调中，调用了父组件的_sendMsg 回调。与发送消息不同的是，发送表情时，_sendMsg 的第 1 个参数 msgText 为空字符串，第 2 个参数 meme 为表情图片的资源路径。

③ 使用 Image 扩展消息组件展示表情

上一小节完成了表情包的选择与发送，但消息列表还尚未支持展示表情，本小节对消息组件进行扩展完善。来到 lib/components/MessageComponent.dart，修改 showMessage 方法。在前面小节的实现中，这一方法只是单纯返回一个 Text 组件，现在需要加一个逻辑判断，如果消息的 meme 字段不为空，表示这是一条表情消息，则返回一个 Image 组件。具体实现代码如下：

```
Widget showMessage() {
  if (_msg.meme.isNotEmpty) {
    return Image.asset(_msg.meme, width: 100, height: 100);
  }

  return Text(_msg.msg);
}
```

至此，一个带有表情包功能的聊天工具就开发完成了，在两台设备上运行应用，可以看到最终的使用效果如图 5-16 所示。

● 图 5-16 带表情包的聊天效果

5.6 聊天工具知识拓展

本章首先学习了 Socket 通信，它是网络通信的基石，常用的 HTTP 建立在其基础之上。Dart 标准库中实现了 Socket 通信框架，本章通过实战演练了如何在 Flutter 中使用 Socket 通信。

本章以一个聊天工具为实战项目，介绍了一个网络应用的开发过程。对于网络应用而言，通信是其中核心的一环。在整个通信链路中，介绍了如何建立 Socket 通信，如何使用 JSON 序列化技术进行数据传输。

除此之外，也学习了 Flutter 图片资源管理、通过 ListView 展示长列表数据，以及如何通过 Navigator 进行页面跳转，处理用户输入等日常 Flutter 开发中的必备基础。

以扩展表情包功能为例，演练了在实际开发过程中通过迭代的方式，不断向软件添加新的功能。

在现实中，开发一款商业化聊天工具是非常复杂的，需要考虑的因素很多，比如异常处理、消息到达率、消息同步、保活，以及服务器如何优化大量的连接等。但其核心原理与本章的聊天工具是相同的。有了本章的基础，对聊天工具感兴趣的读者，可以进一步了解这一领域更加深入的资料，会对网络开发有更加深入的理解。

最后，布置几道练习题，供读者进行进一步提高与巩固。

1）Socket 连接过程中没有对异常进行处理，在实际使用中，可能会出现连接失败、用户掉线等异常情况，学习相关资料、文档，完善异常处理。

2）在 Message 类型中预留了一个 TYPE_SYSTEM，表示系统消息，在用户连接成功或掉线时发送系统消息，完善对异常的检测逻辑，并在聊天列表中添加对系统消息的展示。

3）学习编写纯 Dart 程序，开发一个聊天工具的服务器在计算机上运行，手机应用只保留客户端功能，并默认自动连接服务器。这样便形成了一个典型的 C/S 架构，读者可以进一步将服务器部署在云主机上，供用户随时访问。

4）基于独立服务器实现聊天室功能，即每个用户可以设置一个昵称，并在同一个聊天室下聊天，在消息展示时除了展示消息内容外，还要展示所对应的用户。

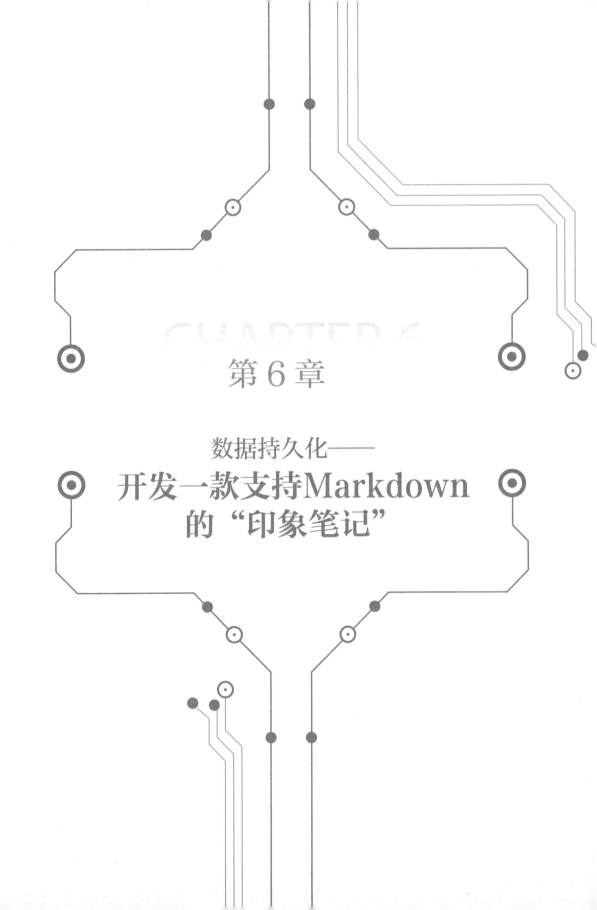

第 6 章

数据持久化——
开发一款支持Markdown
的"印象笔记"

　　Markdown 笔记是近几年来技术领域流行的一种笔记方法，能快速高效地写出排版精美的文档。Markdown 本身是一种标记语言，语法非常简单，表达能力丰富，支持代码、公式排版，通过扩展也能支持如 UML 等图表。同时 Markdown 本身是一个文本文件，用文本编辑器即可编辑，非常轻量，可以方便地进行备份，也可以使用 git 进行版本管理。

　　印象笔记是一款老牌的笔记软件，在其新版本中也加入了对 Markdown 的支持。此外，Notion 则是一款时下更流行的笔记软件，提供了一种类 Markdown 的可视化编辑器。它们在 Markdown 的基础语法之上，扩展了笔记的管理能力。比如最近流行的 Obsidian "双链" 笔记，是一种更加高效地知识结构化方案。

　　"工欲善其事，必先利其器"，如果能开发一款自己用起来最顺手的知识管理工具，按照自己的习惯去维护下去，将是一件受益终生的事情。本章将带领读者一起开发一款属于自己的 Markdown 笔记工具，在学习 Flutter 开发知识的同时，也希望能启发读者们对学习和知识管理获得更多思考与感悟。

6.1　Markdown 笔记开发要点

　　Markdown 笔记应用的功能包括编写 Markdown 笔记，对 Markdown 语言进行渲染展示，并支持将笔记进行本地保存。同时，整个应用由多页面构成，包括笔记列表页、笔记编辑页。该应用还支持分类功能，可以为笔记添加分类，并在笔记列表页中进行分类筛选。

　　在 Flutter 中进行本地数据保存有多种方案，shared_preference 是 Flutter 下最常用的数据本地存储方案，它是一个键值存储库，本章用它实现笔记存储。除了 shared_preference 外，SQLite 数据库也是常用的本地存储方案，SQLite 的使用将在下一章 Todo 应用实例中进行介绍。

　　Markdown 笔记应用在运行时内存中会持有大量笔记状态，如何对这些状态进行有效管理呢？上一章聊天工具的状态比较简单，只包含一个消息列表，因此通过组件传递即可。在 Markdown 笔记应用中，如果将笔记状态在多页面中传递，会非常烦琐，而且也难以保持状态一致性。

　　在这种情况下，目前的前端最佳实践是引入状态管理器。状态管理器对于中大型应用来说是非常重要的。在 Flutter 中，状态管理器通常基于 InheritedWidget 组件实现。为了打下扎实的基础，本章基于 InheritedWidget 从头编写一个状态管理器，对笔记状态进行管理。打下本章基础后，在下一章 Todo 应用中会进一步学习业界流行的 Provider 状态管理器。

▶▶ 6.1.1　Flutter 下的 Markdown 展示方式

Markdown 是一种轻量级标记语言，因能够以简洁的语法编写高质量文档，并且对表格、图片、图表、公式都有较好支持，得到广泛流行。Markdown 语法能够很方便地被转化为 HTML 语法，在网站上进行展示。因此也被广泛用于博客写作、网络文档等场景。

Markdown 文档可视为一段字符串，需要使用 Markdown 解析器转换为对应的目标格式进行展示，如 HTML。移动端应用如何进行 Markdown 文本展示呢？主要有几种实现方案。

第一种方法是基于 WebView。首先将 Markdown 语言转换为 HTML，再创建一个 WebView，将转换后的 HTML 展示出来。这种方式基于浏览器实现，是一种通用且比较常用的实现方案。其优势是实现简单，且借助于 WebView 成熟的浏览器技术，可以将前端 Markdown 展示最佳实践迁移过来。比如实现数学公式、复杂图表展示等。缺点是 Markdown 在 WebView 下展示用到的是前端技术，与 Flutter 无关，因此要求开发者对前端技术也要有所了解。除此之外，移动端 WebView 的性能低于原生，尤其是展示复杂文档时，WebView 将消耗更多的性能资源。

第二种方式是原生渲染。通过特定的解析器，将 Markdown 文本直接转换为 Flutter 组件进行展示。这种方式下渲染出的文档内容，均由 Flutter 组件和布局构成，由 Flutter 引擎直接渲染，因此具备更高的性能，且资源消耗大大降低。除此之外，在开发方式上与 Flutter 开发更加一致。比如定制标题样式，对于 WebView 方式需要修改 CSS 样式表，而对于原生渲染则是传入一个用于渲染标题的 Flutter 组件。原生渲染的缺点在于扩展性较弱，在渲染公式、图表、表格时均需开发对应的 Flutter 组件，成本较高。对于前端比较成熟的 Markdown 最佳实践也难以直接复用。

如何进行选择呢？如果是开发一款功能丰富、扩展性强的笔记软件，建议使用 WebView 方式开发，优先保证丰富的展示能力。如果是开发一些内容展示场景，如应用的帮助页面，或者一些落地页等特定展示场景时，可选择原生渲染方式，优先保证高性能、低资源消耗。本章还是以学习 Flutter 为目标，因此选择原生渲染方式进行开发。

▶▶6.1.2　基于 flutter_markdown 实现 Markdown 原生渲染

flutter_markdown 是一个 Flutter 下的 Markdown 解析库，其特点是能够实现原生渲染，即将 Markdown 文本直接渲染为 Flutter 组件进行展示。

要使用 flutter_markdown 首先需要在 pubspec.yaml 中添加依赖，其最新版本号可在 pub.dev 的项目首页（https://pub.dev/packages/flutter_markdown）进行查看。依赖添加完成后执行 flutter pub get 拉取依赖即可。

flutter_markdown 提供一个 Markdown 组件，通过 Data 传入 Markdown 文本即可进行渲染，使用起来非常简单。例如，创建一个 Markdown 预览页，具体代码实现如下：

```
class PagePreview extends StatelessWidget {
  final String title;
  final String markdown;
```

```
PagePreview(this.title, this.markdown);

@override
Widget build(BuildContext context) {
  return Scaffold(
    appBar: AppBar(
      title: Text(title),
    ),
    body: SafeArea(
      child: Markdown(
        data: markdown,
      ),
    ),
  );
}
}
```

Markdown 语法十分简便易学，网上有很多学习资料，读者可自行学习，这里不再赘述。下面编写一段示例 Markdown 文档：

```
# flutter_markdown

## 目录

* 介绍
* 使用方式

## 介绍

Flutter 下的 Markdown 解析库，能够实现原生渲染。

## 使用方式

```
Markdown(
  data: markdown
)
```
```

将这段 Markdown 内容传入预览页 Markdown 组件，运行代码可看到渲染效果如图 6-1 所示。

● 图 6-1　flutter_markdown 库展示效果

▶▶ 6.1.3　使用 shared_preference 存储笔记数据

前面几章的实战案例有一个共同特点，所有的数据都是在程序运行后动态生成，程序退出后数据全部从内存中清除。而在现实中，绝大多数应用都需要将一部分数据进行持久化保存，比如本章的笔记应用，用户所编写的笔记被保存到存储器中，当用户退出应用再次启动时，能够将之前的笔记加载出来继续编辑。

Flutter 提供了多种数据存储方式，比如支持文件读写、SQLite 数据库和本节所要介绍的 shared_preferences 等。其中，文件读写通常用于保存一些资源与配置，SQLite 数据库用于创建数据结构更加复杂的应用，将在下一章中将进行详细介绍。

shared_preferences 则是几种存储方式中最为简单易用的一种，它复用了不同平台下的数据持久化机制，比如在 Android 平台下复用 Android Shared Preferences，在 iOS 平台下复用 NSUser-Defaults，并包装成统一的接口供 Flutter 访问。

shared_preferences 所提供的接口非常简单易用，适合在应用中存储一些简单信息，比如用户信息、配置项等。

SharedPreferences 中的方法均为异步方法，其本身是一个单例，在使用时首先要获取 SharedPreferences 对象：

```
SharedPreferences prefs = await SharedPreferences.getInstance();
```

获取到对象后便可以进行读写操作了。对于写入操作，SharedPreferences 提供了一系列 set

方法，用于写入不同类型数据，比如 setBool 写入布尔型、setInt 写入整型、setDouble 写入双精度浮点型、setString 写入字符串、setStringList 写入字符串列表。

set 系列方法接收两个参数，第 1 个参数为字符串类型的键值，写入和读取都通过键值进行检索，第 2 个参数为数据。例如，向 SharedPreferences 中写入一段字符串：

```
prefs.setString('helloText', 'Hello World!');
```

与 set 系列方法相对应的是 get 系列方法，根据传入键值返回对应数据。具体包括 getBool、getInt、getDouble、getString、getStringList。需要注意的是，get 系列方法为同步方法，这是因为 SharedPreferences 在创建单例时会将磁盘数据全量缓存到内存中，并且在执行 set 语句时也会更新缓存，因此内存缓存中的数据始终为最新，所以 get 时直接同步返回即可。上面代码中存入的 helloText 文本，获取方式如下：

```
String helloText = prefs.getString('helloText');
```

SharedPreferences 还提供了一个 containsKey 方法，用于判断 key 是否有值，这是一个同步方法，如果有值返回 ture，否则返回 false：

```
prefs.containsKey('helloText'); // true
```

对 SharedPreferences 中存储的 key 可以进行遍历操作，通过 getKeys 方法实现，具体实现代码如下：

```
for (String key in prefs.getKeys()) {
   ...
}
```

最后需要说明的是，shared_preferences 并不适合于存储大量数据，本章的笔记应用实战之所以选择它，主要是以学习 shared_preferences 为目的。在实际应用中，本地存储的笔记应用更加适合的选型是使用 SQLite 数据库，这也是本章末尾的思考题之一，即换用 SQLite 数据库实现笔记应用的存储部分。

▶▶ 6.1.4　使用 InheritedWidget 进行状态管理

在上一章的聊天工具实战中开发了一个双页面应用，两个页面间需要共享 Socket 底层通信类的实例，因此在它们的父组件_MyAppState 中，进行了对通信类实例的统一管理及组件间通信。这个项目中已经包含了状态管理的思想，即在多页面应用中，如何将状态进行集中管理与维护，并且让状态在多个页面间共享。

本章的笔记应用更加复杂，包含更多的页面，同时组件的嵌套层级也更深。上一章中通过逐级传递状态和回调的方式，对于复杂应用会显得非常烦琐。具体来说，假设页面的嵌套层级很深，而子页面需要访问共享状态或回调，这就要求被共享的状态或回调要沿着组件树一层一层下发，而组件树的一些中间组件，可能根本不需要它们，但是也必须要接收它们并向下传递。

为了解决复杂应用的状态管理问题，Flutter 提供了 InheritedWidget 组件，它实现了一种在组件间自上向下共享状态的方式。当一个状态在 InheritedWidget 中被共享后，在它的子组件中都能够获取到该共享状态，而无须再逐层传递。

在 Flutter 框架内部也大量使用了这种机制，常见的主题 Theme 和语言 Locale 都是通过 InheritedWidget 实现的。

状态管理是应用开发的一个高级核心主题，在整个 Flutter 生态中积累了多种状态管理的最佳实践，如 Provider、BLoC、Redux 等第三方扩展，适合于构建更加复杂的应用。InheritedWidget 是 Flutter SDK 中自带的状态管理机制，也是学习更高级实践的基础。因此本章先通过笔记应用学习 InheritedWidget，下一章将选择业界流行的 Provider 状态管理器进行实战学习。

❶ FrogColor 示例介绍

官方文档中给出了一个 InheritedWidget 很好的学习案例。假设有一个 Color 类型的状态 FrogColor，在整个组件树中有许多组件都需要访问它。如前面介绍，如果每一级都传递 FrogColor，非常烦琐，又会导致许多本身没有用到 FrogColor 的组件也不得不传递。

解决的方法是创建一个 InheritedWidget 组件，在组件中持有 FrogColor 状态。InheritedWidget 在使用时向其传入 child 组件，因此 InheritedWidget 在组件树中并不包括 UI 绘制，而是一个纯粹的功能性组件。在传入 child 的子组件中，可通过 of 方法访问到 InheritedWidget 示例，并获取 FrogColor 属性。

❷ 创建 FrogColor 类

首先创建 FrogColor 类，它继承自 InheritedWidget。在构造方法中传入 3 个可选参数，分别为 Key、初始色值，以及子组件。在构造方法实现中调用父构造方法，将 Key 与 child 传入父组件，将 color 存到 FrogColor 的 color 属性中。

FrogColor 还提供了一个 of 静态方法，子组件通过这个方法获取到 FrogColor 实例。在 of 方法的实现中，调用了 BuildContext 的 dependOnInheritedWidgetOfExactType 方法，用于从子组件树中向上寻找，找到符合对应类型的示例，即 FrogColor。看到 of 方法很多读者会感到熟悉，因为 Navigator 等 Flutter SDK 功能也是通过 of 方法获取实例的。FrogColor 类代码实现如下：

```
class FrogColor extends InheritedWidget {
  const FrogColor({
    Key key,
    @required this.color,
    @required Widget child,
  }) : assert(color != null),
       assert(child != null),
```

```
    super(key: key, child: child);

  final Color color;

  static FrogColor of(BuildContext context) {
    return context.dependOnInheritedWidgetOfExactType<FrogColor>();
  }

  @override
  bool updateShouldNotify(FrogColor old) => color != old.color;
}
```

在上面的代码中，updateShouldNotify 方法表示当状态发生变化时，是否通知子组件树更新，实际的判断规则为比较新老实例中的 color 属性是否发生变化。

❸ 将 FrogColor 添加到组件树

FrogColor 创建好后，需将其插入到组件树中，插入的位置视状态共享的范围而定。如果这个状态在一个页面内共享，则应插入这个页面 Scaffold 之下。如果需要在整个应用内共享，则需要插入到 Navigator（MaterialApp）之上，保证路由栈中的各个页面都能够访问到。

在这里选择使用全局状态，具体代码实现如下：

```
class MyApp extends StatelessWidget {
  @override
  Widget build(BuildContext context) {
    return FrogColor(
        color: Colors.green,
        child: MaterialApp(
          title: 'Markdown Editor',
          home: PageHome(),
        )
    );
  }
}
```

❹ 子组件获取 FrogColor 进行访问

在组件中，可以通过如下方法获取到 FrogColor 的 Color：

```
FrogColor.of(context).color
```

这样，在子组件中就不再需要通过输入属性获取父级 FrogColor，而是通过 FrogColor.of 直接获取。InheritedWidget 提供了一种全局的状态管理机制，很多流行的状态管理框架均基于它实现。本章的实战项目中，将介绍如何基于 InheritedWidget 打造一个全局状态管理器。

▶▶ 6.1.5　笔记应用开发流程

本章的实战项目相较于前几章，在复杂度上有进一步提升。随着项目复杂度的提升，本章也会介绍移动应用的架构思想。通过对架构分层设计的学习，进行良好的架构设计，能够应对现实中复杂应用的开发。

❶ 笔记应用的架构分层设计

现实中的复杂项目功能和页面众多，分层设计是一个很好的架构方法。通过架构分层，可以将复杂问题拆解到不同层次、不同模块中，从而"分而治之"，最终完成整个程序的开发。对于笔记软件，其分层架构设计如图 6-2 所示。

笔记应用的架构主要分为 3 层，最上层是界面层，主要包含 4 个页面，分别包括用于展示笔记列表的首页、用于编辑笔记的编辑页、一个二级页元信息编辑页，以及预览 Markdown 语法效果的预览页。这 4 个界面都需要访问笔记相关状态，如果有一个页面的笔记状态更改了，其他页面也要立刻同步更改。举例来说，当用户在编辑页单击"保存"按钮，首页的笔记列表也要进行更新。

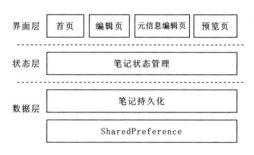

● 图 6-2　笔记应用架构分层

因此由状态层负责对笔记状态进行管理，这是一个全局的状态管理器，在整个应用中只有一份实例，所有页面都通过观察者模式从管理器中订阅状态，保证数据一致性。

状态管理器一方面需要维护内存中的状态，即笔记列表，对其进行增删改查操作，与此同时，状态管理器还需要对数据改动进行保存。具体通过调用数据层的笔记持久化方法实现。笔记持久化方法则是基于持久化库 SharedPreference 进行封装，数据最终通过 SharedPreference 存储到磁盘中。

❷ 笔记应用的页面原型设计

笔记应用包含 4 个页面：首页、编辑页、元信息编辑页、预览页。首页的作用是展示笔记列表，具体包括笔记的标题及部分内容截取。首页采用导航抽屉布局设计，即从左侧可拉出一个导航页，在导航页中可以对笔记按照分类进行筛选，以提高大量笔记情况下的查找效率。首页原型图如图 6-3 所示。

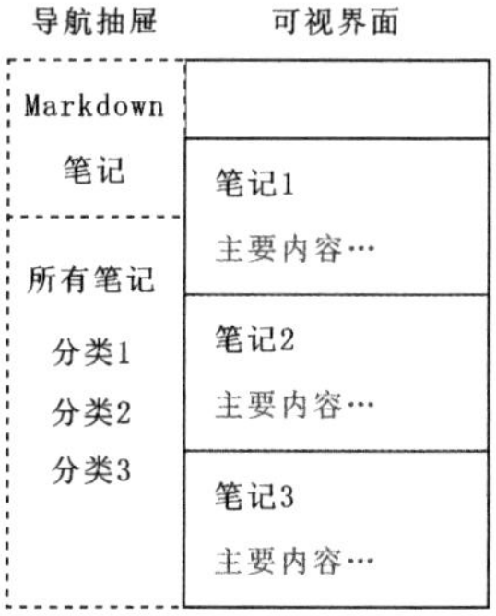

编辑页用于笔记编写，使用 Markdown 语言语法。页

● 图 6-3　笔记应用首页原型

面主要区域为笔记内容输入框，输入框上方为标题栏，其中包括标题等元信息的展示与编辑、预览与保存等功能按钮。输入框下方为工具栏，包含一系列格式化按钮，用于帮助用户快速插入 Markdown 语法。编辑页的原型图如图 6-4 所示。

编辑页标题栏的标题部分包含一个编辑按钮，单击后会跳转到一个二级页面，即元信息编辑页。在这个页面中对笔记的元信息进行编辑，主要包括笔记的标题与分类。其原型图如图 6-5 所示。

● 图 6-4 笔记应用编辑页原型 ● 图 6-5 笔记应用元信息编辑页原型

在编辑页工具栏单击"预览"按钮进入预览页，基于 flutter_markdown 库实现对 Markdown 笔记的预览。这个页面整体布局比较简单，分为标题栏与预览视图，其原型图如图 6-6 所示。

通过以上页面对笔记应用的核心功能实现了闭环。当然，一个完整的笔记应用还包含许多更高级的功能。对于这些高级功能，其设计与实现的思路是一致的，即首先进行架构设计，划分出其所属的模块及对应的分层，明确每层的职能，并且处理好与现有架构的融合。通过软件迭代的思想，以一种进化的方式将新功能有机地融合进现有架构。

有了原型方案，下面将进入笔记应用的开发实战。

● 图 6-6 笔记应用预览页原型

6.2 基于 InheritedWidget 开发状态层

对于复杂应用来说，状态层是整个项目开发中的重点与难点。在现实应用中，会存在大量状态，并且大量页面会对这些状态进行更改，同时也有大量业务逻辑需要访问状态并执行状态操作。其中，许多状态通常需要通过网络或持久化的方式异步加载，异步的不确定性将问题变得更加复杂。在实际开发中，状态层是架构中最容易变混乱的层，也是最容易导致问题的地方。因此对于复杂应用开发，从状态层着手开始开发是一个比较好的切入点。

首先创建一个新的 Flutter 工程，名为 markdown_note，在 pubspec.yaml 中添加对 flutter_markdown 和 shared_preferences 这两个库的依赖。

修改 lib/main.dart，编写应用的主框架。其中状态层对应的组件名称为 NoteStore，主页面对应的组件名称为 PageHome，将在后续小节中进行开发。具体代码如下：

```
void main() {
  runApp(MyApp());
}

class MyApp extends StatelessWidget {
  @override
  Widget build(BuildContext context) {
    return NoteStore(
      MaterialApp(
        title: 'Markdown Editor',
        home: PageHome(),
      )
    );
  }
}
```

上面的代码中，注意 NoteStore 在 MaterialApp 的外层。这是因为应用的路由栈位于 MaterialApp 中，代码中的默认首页是 PageHome，当使用 Navigator 进行页面跳转时，会在 MaterialApp 的页面回退栈进行入栈操作。而将 NoteStore 放在 MaterialApp 外层，保障了不论页面如何跳转，NoteStore 都是页面的父组件。NoteStore 内部包含 InheritedWidget 组件，这样在所有页面及其组件中，都能获取到笔记状态。

▶▶ 6.2.1 创建笔记 Model

首先创建笔记对应的 Model 类。创建 lib/model/Note.dart，在其中实现 Note 类，其中包含 4 个属性，分别是唯一标识 uuid、笔记标题 title、笔记分类 category，以及笔记的内容 content。具体代码如下：

```
class Note {
  String uuid;
  String title;
```

```
    String category;
    String content;
    Note(this.uuid, this.title, this.category, this.content);

    Note.fromJson(Map<String, dynamic> json)
      : uuid = json['uuid'],
        title = json['title'],
        category = json['category'],
        content = json['content'];

    Map<String, dynamic> toJson() => <String, dynamic> {
      'uuid': uuid,
      'title': title,
      'category': category,
      'content': content
    };
  }
```

在上面的代码中，实现了两个方法 fromJson 和 toJson，分别用于 JSON 与类实例间的相互转换。

▶▶ 6.2.2　基于 StatefulWidget 创建 NoteStore

在前面对 InheritedWidget 的讲解中，使用了一个简单的 FrogColor 示例。由于其状态比较简单，因此直接保存在 InheritedWidget 中。而 NoteStore 的状态要复杂得多，同时还包含相关的增删改查操作，对于这种复杂的状态，这里给出一种通过 StatefulWidget 与 InheritedWidget 相结合的实现方式。

首先创建 lib/store/NoteStore.dart，编写 NoteStore，它是一个 StatefulWidget，它接收一个属性 child，这是因为 NoteStore 自身不包含任何视图布局，而是接收一个外界传入的子组件（即上一节中的 MaterialApp），只对其进行包装。具体代码如下：

```
class NoteStore extends StatefulWidget {
  final Widget child;

  NoteStore(this.child);

  @override
  State<StatefulWidget> createState() {
    return _NoteStoreState();
  }
}
```

►►6.2.3　在 _NoteStoreState 中实现笔记增删改查

_NoteStoreState 中包含了笔记的状态，这是一个 Map 数据结构，key 为笔记的 uuid，值为笔记的 Model。_NoteStoreState 中还包含了对增删改查的操作实现，当调用增删改查方法时，首先会访问数据层进行持久化操作，之后会修改内存中的笔记状态。具体实现如下：

```
enum NoteOperationRet {
  SUCCESS,
  NoteIsAlreadyExist,
  NoteIsNotExisted
}
class _NoteStoreState extends State<NoteStore> {

  final Map<String, Note> notes = {};

  //增删改查方法
  ...
}
```

在上面的代码中，NoteOperationRet 是一个枚举，用于表示笔记操作的结果，如果操作成功，则返回 SUCCESS。

① 实现创建新笔记

下面介绍创建笔记的方法 createNewNote，它接收一个 Note 类型的参数，表示要保存的笔记。具体实现代码如下：

```
class _NoteStoreState extends State<NoteStore> {

  final Map<String, Note> notes = {};

  Future<NoteOperationRet> createNewNote(Note note) async {
    print("createNewNote");
    if (notes.containsKey(note.uuid)) {
      return NoteOperationRet.NoteIsAlreadyExist;
    }

    await _saveNoteToDisk(note);

    setState(() {
      notes[note.uuid] = note;
    });
```

```
        return NoteOperationRet.SUCCESS;
    }

    Future<void> _saveNoteToDisk(Note note) async {
        print("_saveNoteToDisk");
        SharedPreferences prefs =
            await SharedPreferences.getInstance();
        prefs.setString(
            note.uuid, json.encode(note.toJson()));
    }
}
```

在上面的代码中，createNewNote 是一个异步方法，其返回一个泛型为 NoteOperationRet 的 Future。在方法的实现中，首先判断内存状态 notes 中是否存在这条笔记，由于在模型设计时 Note 通过唯一的 uuid 来标识，是不允许重复的，因此对一个已经存在的笔记再次 create-NewNote，会被认为是非法操作，因此返回 NoteIsAlreadyExist 异常结果。这种前置的 if 条件判断也被称作哨兵语句。如果 Note 为新笔记，则首先调用_saveNoteToDisk，它会调用 SharedPreference 库将笔记保存到磁盘上。持久化完成后，通过 setState 方法对状态进行更新，将新笔记存储到 notes 中。

值得一提的是，在视图开发中，由于状态操作一般都需要访问网络或磁盘，即都是异步操作，为了防止在异步等待过程中用户修改数据导致状态不一致，一般都会展示 Loading 阻塞用户操作。之后等待异步结果完成之后，将 Loading 关闭，并且判断操作状态，如果操作失败则进行对应的弹窗提示。这个功能 Dart 的异步机制非常容易实现。这里以 createNewNote 为例，假设界面可以直接访问到 createNewNote（createNewNote 的实际调用方法将在后续小节介绍），Loading 逻辑的伪代码如下：

```
//在页面中执行保存操作(伪代码)
//如单击保存按钮后触发
void pageSaveNote(Note note) async {
    await showLoading();                    //展示 Loading
    var ret = await createNewNote();        //执行异步业务逻辑
    await hideLoading();                    //操作完成后关闭 Loading
    if (ret != NoteOperationRet.SUCCESS) {
        //通过弹窗提示用户异常
    }
}
```

❷ 实现更新已有笔记

除了创建新笔记外，对已有笔记进行更新也是笔记应用的常用功能，具体由 updateExisted-

Note 方法实现。updateExistedNote 的实现与 createNewNote 几乎相同，唯一的区别在于哨兵语句的判断条件，createNewNote 需要 notes 不存在这条笔记才能创建，而 updateExistedNote 则是要判断 notes 中已经存在这条笔记才允许更新。具体实现代码如下：

```
Future<NoteOperationRet> updateExistedNote(Note note) async {
  if (!notes.containsKey(note.uuid)) {
    return NoteOperationRet.NoteIsNotExisted;
  }

  await _saveNoteToDisk(note);

  setState(() {
    notes[note.uuid] = note;
  });

  return NoteOperationRet.SUCCESS;
}
```

❸ 实现删除已有笔记

删除笔记方法为 removeNote，接收一个 uuid 参数，表示要删除的笔记。在方法实现中，首先判断 notes 中是否有这条笔记，如果删除一条不存在的笔记，则返回 NoteIsNotExisted 异常状态。之后调用_removeNoteFromDisk 从磁盘中删除这条笔记。最后再在 notes 中删除这条笔记，并通过 setState 完成状态更新。具体方法实现如下：

```
Future<NoteOperationRet> removeNote(String uuid) async {
  if (!notes.containsKey(uuid)) {
    return NoteOperationRet.NoteIsNotExisted;
  }

  _removeNoteFromDisk(uuid);

  setState(() {
    notes.remove(uuid);
  });

  return NoteOperationRet.SUCCESS;
}

Future<void> _removeNoteFromDisk(String uuid) async {
  SharedPreferences prefs = await SharedPreferences.getInstance();
  prefs.remove(uuid);
}
```

 **实现加载所有笔记**

在应用启动时需要从磁盘中加载所有笔记，对应的加载方法为 loadNotes。SharedPreference 是一个键值存储库，提供一个 getKeys 方法，能够返回所有的键值，基于这个方法实现了对笔记的遍历加载，并保存到 notes 状态中，具体代码实现如下：

```
Future<NoteOperationRet> loadNotes() async {
  SharedPreferences prefs = await SharedPreferences.getInstance();

  setState(() {
    for (String key in prefs.getKeys()) {
      notes[key] = Note.fromJson(json.decode(prefs.get(key)));
    }
  });

  return NoteOperationRet.SUCCESS;
}
```

▶▶ 6.2.4 基于 InheritedWidget 实现_NoteStoreScope

至此，_NoteStoreState 中笔记的增删改查已实现完成，但 NoteStoreState 的 build 方法还没有给出。在给出具体实现前，先进行思考。_NoteStoreState 中的操作方法是为了给所有页面及其子组件调用的，在 NoteStore 存有 child 属性（即 MaterialApp），如何能让 child 中的所有组件都能访问到这些方法呢？一种笨的方法是将这些操作方法沿着组件树一层一层传递下去，但这样过于烦琐。另一种更好的方法是接下来将要介绍的，通过 InheritedWidget，将_NoteStoreState 作为共享状态共享出去。这样，在子组件中通过 BuildContext 可直接拿到_NoteStoreState 进行操作。

首先创建一个_NoteStoreScope 类，它基于 InheritedWidget，它接收两个属性，一个是要共享出去的状态_noteStoreState，另一个是子组件 child，其代码实现如下：

```
class _NoteStoreScope extends InheritedWidget {
  final _NoteStoreState _noteStoreState;
  _NoteStoreScope(this._noteStoreState, Widget child)
      : super(child: child);
  @override
  bool updateShouldNotify(InheritedWidget oldWidget) {
    return true;
  }
}
```

完成 NoteStoreScope 后，来到_NoteStoreState 的 build 方法，返回由_NoteStoreScope 包裹的组

件，具体代码如下：

```
@override
Widget build(BuildContext context) {
  return _NoteStoreScope(this, widget.child);
}
```

▶▶ 6.2.5　在 NoteStore 中完善状态访问接口

通过上面小节完成了 NoteStore 的主体代码开发，在页面或组件中，可以从 BuildContext 中直接拿到_NoteStoreState 进行操作，具体代码如下：

```
final _NoteStoreScope _noteStoreScope =
  context.inheritFromWidgetOfExactType(_NoteStoreScope);
_NoteStoreState state = _noteStoreScope._noteStoreState;
```

上述的代码虽然能完成功能，但在具体使用时，每次在执行操作前都要通过以上方法获取_NoteStoreScope，有些烦琐。一种更好的方法是在 NoteStore 中添加对应的静态方法进行封装，具体实现如下：

```
class NoteStore extends StatefulWidget {
  final Widget child;

  NoteStore(this.child);

  @override
  State<StatefulWidget> createState() {
    return _NoteStoreState();
  }

  static _NoteStoreState _getState(BuildContext context) {
    final _NoteStoreScope _noteStoreScope =
      context.inheritFromWidgetOfExactType(_NoteStoreScope);
    return _noteStoreScope._noteStoreState;
  }

  static List<Note> notes(BuildContext context) {
    return _getState(context).notes.values.toList();
  }

  static Future<NoteOperationRet> createNewNote(
      BuildContext context, Note note) async {
    return _getState(context).createNewNote(note);
  }
```

```
static Future<NoteOperationRet> updateExistedNote(
    BuildContext context, String uuid, Note note) async {
  return _getState(context).updateExistedNote(note);
}

static Future<NoteOperationRet> removeNote(
    BuildContext context, String uuid) async {
  return _getState(context).removeNote(uuid);
}
}
```

这样，具体业务在使用时，只需要调用 NoteStore 的对应方法即可，同时 NoteStore 作为状态层，也实现了状态层对外提供的操作接口的收敛。示例代码如下：

```
//在业务代码中使用举例(伪代码)
noteListData = NoteStore.notes(context);
```

6.3 创建笔记应用首页

前面小节中已给出了 main.dart 代码，从中已知首页的组件名为 PageHome，本节来实现首页组件，创建 lib/page/PageHome.dart 作为组件的源码文件。

▶▶ 6.3.1 使用 didChangeDependencies 进行状态关联

首页中包含一个笔记列表状态，它实际上是对状态层笔记状态的映射，每当状态层笔记状态发生改变时，笔记列表会进行相应的更新。因此，将状态赋值的逻辑写在 didChangeDependencies 中，以保证同步更新，具体代码如下：

```
class PageHome extends StatefulWidget {
  @override
  _PageHomeState createState() => _PageHomeState();
}

class _PageHomeState extends State<PageHome> {
  List<Note> noteListData = [];

  @override
  void didChangeDependencies() {
    super.didChangeDependencies();
    setState(() {
```

```
        noteListData = NoteStore.notes(context);
      });
    }
  }
```

▶▶ 6.3.2 基于 Scaffold 实现首页抽屉导航布局

接下来是首页的布局部分，在首页中基于 Scaffold 实现了导航抽屉功能，抽屉的主要布局由 getDrawer 方法实现。主内容区域为 ListView，通过 ListView.builder 方式构建，基于 noteList-Data 状态作为数据源。在 itemBuilder 中，返回布局为 ListTile，这是一个 Flutter 自带的用于展示列表项的组件，在其中对笔记内容进行展示。除了展示外，还为 ListTile 添加了一个单击回调，单击跳转到笔记编辑页，传入参数为对应的笔记 Model。关于笔记编辑页，将会在下一小节中进行实现。最后，整个布局中还基于 Scaffold 添加了一个 FAB，单击后还是跳转到笔记编辑页，不同之处在于传入参数为 null，表示创建一篇新笔记。具体代码如下：

```
class _PageHomeState extends State<PageHome> {
  List<Note> noteListData = [];

  ...

  Widget getDrawer() {
    return Drawer(
      child: ListView(
        padding: EdgeInsets.zero,
        children: <Widget>[
          DrawerHeader(
            child: Text(
                "分类列表",
                style: TextStyle(fontSize: 24)),
            decoration: BoxDecoration(
              color: Colors.blue,
            ),
          ),
          ListTile(
            title: Text("分类 1"),
          ),
          ListTile(
            title: Text("分类 2"),
          ),
          ListTile(
            title: Text("分类 3"),
          ),
```

```
      ],
    ),
  );
}


@override
Widget build(BuildContext context) {
  return Scaffold(
    appBar: AppBar(
      title: Text("Markdown 笔记"),
    ),
    drawer: getDrawer(),
    body: Center(
      child: ListView.builder(
        itemBuilder: (BuildContext context, int index) {
          Note note = noteListData[index];

          return ListTile(
            isThreeLine: true,
            title: Text(note.title),
            subtitle: Column(
              crossAxisAlignment:
                CrossAxisAlignment.start,
              children: <Widget>[
                Text(note.category),
                Text(note.content,
                  overflow:
                    TextOverflow.ellipsis, maxLines: 1)
              ],
            ),
            onTap: () => {
              Navigator.of(context)
                    .push(MaterialPageRoute(
                  builder: (context) => PageEditor(note)))
            },
          );
        },
        itemCount: noteListData.length),
    ),
    floatingActionButton: FloatingActionButton(
      onPressed: () =>
        Navigator.of(context).push(MaterialPageRoute(
          builder: (BuildContext context) =>
                PageEditor(null))),
```

```
      tooltip: 'Increment',
      child: Icon(Icons.add),
    ),
  );
  }
}
```

在上面的代码中可以看到，导航抽屉中的分类数据为假数据。这里还是采用迭代的思想，先实现笔记应用的核心功能，在后续小节中，将安排专门的一节对此功能实现扩展。

由于编辑页代码尚未实现，可暂时将其注释掉，之后运行代码，可看到首页效果如图 6-7 所示。需要注意的是，此时代码运行出来虽然是空白，但实际上已经包含了最外层的状态层 NoteStore。随着后续章节中对增删改查功能的实现，首页代码无须再做改动，就能够实时响应并展示出最新结果。

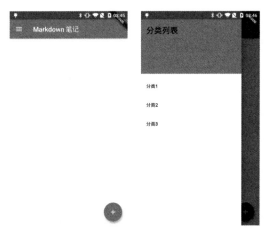

● 图 6-7　笔记应用首页运行效果

6.4　创建笔记编辑页

在首页代码中已实现向笔记编辑页的跳转，本节来完成笔记编辑页。创建 lib/page/PageEditor.dart，作为对应的源码文件。

笔记编辑页 PageEditor 接收一个属性参数，即要编辑的笔记 Model，并通过这个参数是否为 null 来判断是创建新页面还是对已有页面进行编辑。PageEditor 的代码实现如下：

```
class PageEditor extends StatefulWidget {
  final Note originNote;

  PageEditor(this.originNote);

  @override
  State<StatefulWidget> createState() {
    return _PageEditorState();
  }
}
```

▶▶ 6.4.1　实现 _PageEditorState 搭建主要布局

接下来实现 PageEditor 对应状态 _PageEditorState，其中包含两个状态属性 newTitle 和 new-
Category，分别表示编辑中的标题及分类。在组件 initState 初始化时，会解析 originNote 属性，
从中取出标题和分类信息分别赋值到状态属性中。这里需要注意的是，在解析过程中，如果
newCategory 为 null，则会以默认值进行赋值，即新笔记的初始值。具体实现代码如下：

```
class _PageEditorState extends State<PageEditor> {
  String newTitle;
  String newCategory;
  @override
  void initState() {
    super.initState();
    newTitle = widget.originNote?.title ?? "";
    newCategory = widget.originNote?.category ?? "待分类";
  }

  ...
}
```

_PageEditorState 的视图部分主要分为 3 部分，分别是顶部标题栏、中间的内容编辑区及位
于底部的 Markdown 工具栏，对应 build 方法代码实现如下：

```
class _PageEditorState extends State<PageEditor> {
  TextEditingController controller;

  String newTitle;
  String newCategory;

  @override
  void initState() {
    super.initState();
    controller = TextEditingController(
        text: widget.originNote?.content ?? "");
    newTitle = widget.originNote?.title ?? "";
    newCategory = widget.originNote?.category ?? "待分类";
  }

  @override
  void dispose() {
    super.dispose();
    controller.dispose();
  }
```

```
...

Widget getToolbar() {
  return Text("我是工具栏");
}

@override
Widget build(BuildContext context) {
  return Scaffold(
      appBar: getAppBar(),
      body: Column(
        children:<Widget>[
          Expanded(
            child: TextField(
              maxLines: null,
              minLines: 15,
              autofocus: true,,
              controller: controller,
              keyboardType: TextInputType.multiline,
              decoration: InputDecoration(
                          border: InputBorder.none),
            ),
          ),
          getToolbar()
        ],
      ));
  }
}
```

在上面的代码中，标题栏由 getAppBar 方法实现，Markdown 工具栏由 getToolbar 方法实现。这里 Markdown 工具栏先使用一个 Text 组件进行占位，目前也是优先完成核心功能，会在后续安排一个小节以功能扩展的方式专门实现 Markdown 工具栏。

▶▶ 6.4.2 实现 getAppBar 编辑页工具栏

编辑页的工具栏除了对笔记标题的展示外，还添加了多种功能按钮，包括元信息编辑、预览及保存按钮。

标题展示区对应于 AppBar 的 title 属性，这里传入一个 Row 组件，其中包括一个用于展示标题的 Text，以及一个用于元信息编辑跳转的 IconButton，当用户单击时会跳转到元信息编辑页 PageMeta。与之前的页面跳转不同，这里的跳转还需要接收 PageMeta 返回的数据结果，对应为 meta 参数，从 meta 中解析出 newTitle 和 newCategory 进行状态更新。

对于这种跳转新页面后还需要接收新页面返回参数的场景，Flutter 的 Navigator 的 push 方法通过异步机制进行实现，push 方法的返回类型为 Future<T>，其中泛型 T 表示新页面返回数据的类型。因此通过 then 的方式可以对返回数据进行订阅处理。

标题栏的右侧操作区对应于 AppBar 的 actions 属性，其中传入了两个 IconButton，分别为预览和保存。对于预览按钮则跳转到预览页 PagePreview，并向 PagePreview 传入编辑中的标题和内容。保存按钮的单击回调为 saveNote 方法，在这一方法中实现调用状态层进行笔记保存或更新操作。

在 saveNote 中，会先判断 originNote 是否为空，若为空表示创建新笔记，此时会先通过 uuid 库生成一个新的 uuid，并调用 NoteStore.createNewNote，否则表示更新已有笔记，此时调用 NoteStore.updateExistedNote 进行更新。并通过 result 变量保存操作结果，如果操作出现异常则对用户进行提示，如果操作成功，则直接调用 Navigator 的 pop 方法退出页面。

getAppBar 方法的具体实现如下：

```
void saveNote() async {
  NoteOperationRet result;
  if (widget.originNote == null) {
    String uuid = Uuid().v4();
    result = await NoteStore.createNewNote(
        context,
        Note(uuid, newTitle, newCategory, controller.text));
  } else {
    String uuid = widget.originNote.uuid;
    result = await NoteStore.updateExistedNote(
        context, uuid,
        Note(uuid, newTitle, newCategory, controller.text));
  }
  if (result != NoteOperationRet.SUCCESS) {
    //后续可改为弹出对话框等用户可感知的提示形式
    print("笔记存储失败");
  } else {
    Navigator.of(context).pop();
  }
}

Widget getAppBar() {
  return AppBar(
    title: Row(
      children: <Widget>[
        Text(newTitle.isNotEmpty ? newTitle : "输入标题"),
        IconButton(
```

```
                icon: Icon(Icons.edit, color: Colors.white),
                onPressed: () =>
                    Navigator.of(context).push(MaterialPageRoute(
                        builder: (context) =>
                                    PageMeta(newTitle, newCategory)
                )).then((meta) {
                  setState(() {
                    //返回不做处理
                    if (meta == null) return;
                    newTitle = meta['newTitle'];
                    newCategory = meta['newCategory'];
                  });
                }),
              )
          ],
        ),
        actions:<Widget>[
          IconButton(
            icon: Icon(
              Icons.movie,
              color: Colors.white,
            ),
            onPressed: () =>
                Navigator.of(context).push(MaterialPageRoute(
                    builder: (buildContext) =>
                        PagePreview(newTitle,controller.text))),
          ),
          IconButton(
            icon: Icon(
              Icons.check,
              color: Colors.white,
            ),
            onPressed: saveNote,
          )
        ],
      );
  }
```

▶▶ 6.4.3 运行编辑页调试功能

至此编辑页的代码开发完成，并且具备了保存功能。将尚未实现的 **PageMeta** 和 **PagePre-**view 代码进行注释，运行工程可看到编辑页目前的运行效果，具体如图 **6-8** 所示。

单击右上角的保存按钮，会自动返回首页，并看到新笔记保存成功，出现在了首页上，具体效果如图 6-9 所示。

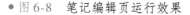
图 6-8　笔记编辑页运行效果

图 6-9　笔记首页展示新创建笔记

▶▶ 6.4.4 　使用 TextField 实现元信息编辑页

从图 6-9 中可以看出笔记的标题为空，这是因为笔记标题需要进入元信息页面进行编辑，由于这一页面尚未实现，因此没有进行编辑，在保存时使用了 newTitle 的默认值，即标题为空字符串。本节完成元信息编辑页 PageMeta，创建 lib/page/PageMeta.dart 作为组件的源码文件。

在 PageMeta 中，组件接收两个构造属性，originTitle 和 originCategory，分别表示笔记的原标题和原分类，并创建两个输入框，以此为基准进行编辑。对于 Flutter 输入框 TextField 的使用相信读者已经非常熟悉了，这里直接给出 PageMeta 的完整实现源码：

```
class PageMeta extends StatefulWidget {
  final String originTitle;
  final String originCategory;

  PageMeta(this.originTitle, this.originCategory);

  @override
  State<StatefulWidget> createState() {
    return _StatePageMeta();
  }
}
```

```
class _StatePageMeta extends State<PageMeta> {

  TextEditingController titleController;
  TextEditingController categoryController;

  @override
  void initState() {
    super.initState();
    titleController =
        TextEditingController(text: widget.originTitle);
    categoryController =
        TextEditingController(text:
          widget.originCategory);
  }

  void onSubmit() {
    Navigator.of(context).pop({
      'newTitle': titleController.text,
      'newCategory': categoryController.text
    });
  }

  @override
  Widget build(BuildContext context) {
    return Scaffold(
      appBar: AppBar(
        title: Text("元信息"),
        actions:<Widget>[
          IconButton(
            icon: Icon(Icons.check, color: Colors.white),
            onPressed: onSubmit,
          )
        ],
      ),
      body: Container(
        padding: EdgeInsets.all(12),
        child: Column(
          children:<Widget>[
            Row(
              children:<Widget>[
                Text("标题: "),
                Expanded(
                  child: TextField(
                    controller: titleController,
```

```
            ),
          )
        ],
      ),
      SizedBox(width: 0, height: 20,),
      Row(
        children: <Widget>[
          Text("分类: "),
          Expanded(
            child: TextField(
              controller: categoryController,
            ),
          )
        ],
      )
    ],
    ),
   ),
  );
 }
}
```

在上面的代码中，保存按钮对应的单击回调为 onSubmit。在 onSubmit 中，会调用 Navigator 的 pop 方法进行页面返回，不同之处在于向 pop 方法传入了一个 Map 类型的参数，即编辑后的新标题和新分类，将它们返回给编辑页，并在编辑页中进行状态更新。

再次运行程序，从首页中单击上一节中创建的笔记进入编辑页，在编辑页中会看到这条笔记的内容。单击标题栏"输入标题"右边的编辑按钮进入元信息编辑页，对标题进行修改，具体如图 6-10 所示。

编辑完成后，单击元信息编辑页右上角的完成按钮，返回笔记编辑页，此时会看到笔记编辑页中标题栏"输入标题"已经变为刚刚输入的新标题，如图 6-11 所示。

● 图 6-10　在元信息编辑页修改笔记标题

在笔记编辑页的右上角再次单击保存按钮，会返回首页，此时会看到首页列表中笔记项目的标题已经自动更新，如图 6-12 所示。

● 图 6-11　笔记编辑页标题已更新　　　● 图 6-12　修改标题后首页自动更新

6.5　创建笔记预览页

至此虽然实现了笔记的创建与保存功能，但都是对普通文本的编辑，还没有体现出 Markdown 的魅力。本节完成对预览页 PagePreview 的开发，创建 lib/page/PagePreview.dart，作为组件对应的源码文件。

PagePreview 是一个纯展示组件，只需要对传入的笔记标题和 Markdown 笔记内容进行展示，因此使用无状态组件。它的布局部分也非常简单，使用 flutter_markdown 库提供的 Markdown 组件即可实现展示。具体代码如下：

```
class PagePreview extends StatelessWidget {
  final String title;
  final String markdown;

  PagePreview(this.title, this.markdown);

  @override
  Widget build(BuildContext context) {
    return Scaffold(
      appBar: AppBar(
        title: Text(title),
      ),
```

```
body: SafeArea(
  child: Markdown(
    data: markdown,
  ),
),
);
}
}
```

运行代码，创建一篇新笔记，并采用 Markdown 语法进行编写，笔记内容如图 6-13 所示。

单击右上方的预览按钮，跳转到预览页，可以看到这段 Markdown 笔记所对应的展示效果，如图 6-14 所示。从图 6-14 中可以看出，通过 Markdown 组件渲染后的笔记为富文本格式，内容展示更加美观、清晰。

● 图 6-13　使用 Markdown 语法编写笔记　　　● 图 6-14　Markdown 笔记预览效果

6.6　创建编辑页工具栏

编辑页中的工具栏还是一个 Text 占位，本节实现工具栏的具体功能。在工具栏中包含一系列格式化按钮，通过这些按钮可以实现常用功能的快速添加，比如快速添加标题、列表项、代码块等。

回到 PageEditor 的 getToolbar 方法，首先创建工具栏按钮，通过 Row 组件包裹一系列按钮实现。当单击工具栏按钮时，根据按钮功能不同，会向当前编辑内容中插入对应的文本。以插入标题为例，首先通过 TextEditingController 的 selection 属性获取当前的指针位置，之后通过字符串拼接的方式，插入标题对应的 **Markdown** 语法，组成一段新文本，之后对 TextEditingController 的 value 属性赋值进行内容更新。

需要注意的是，在内容更新时，传入类型为 **TextEditingValue**，它包含两个属性，text 属性表示新的文本值，selection 属性表示新的指针位置，因此需要计算添加文本后的新指针位置传入，这样保证了内容更新后指针的正确性。具体实现代码如下：

```
///获取位置
int _getEditorPosition() {
  return controller.selection.base.offset;
}

///向当前位置插入文本
void input(String text, {deltaIndex = 0}) {
  int position = _getEditorPosition();

  String headString = controller.text.substring(0, position);
  String tailString = controller.text.substring(position);

  controller.value = TextEditingValue(
    text: headString + text + tailString,
    selection: TextSelection.collapsed(
        offset: position + text.length + deltaIndex)
  );
}

Widget createTextButton(String title, VoidCallback callback) {
  return GestureDetector(
    child: Container(
      padding: EdgeInsets.fromLTRB(10, 14, 10, 14),
      child: Text(title),
    ),
    onTap: callback,
  );
}

Widget getToolbar() {
  return Column(
    children: <Widget>[
      Divider(height: 1, thickness: 1),
      Row(
```

```
children:<Widget>[
  createTextButton('h1', () => input("# ")),
  createTextButton('h2', () => input("## ")),
  createTextButton('h3', () => input("### ")),
  IconButton(
    icon: Icon(
        Icons.format_bold, color: Colors.grey),

    onPressed: () => input("* * * *", deltaIndex: -2),
  ),
  IconButton(
    icon: Icon(
        Icons.format_italic, color: Colors.grey),
    onPressed: () => input("* *", deltaIndex: -1),
  ),
  IconButton(
    icon: Icon(
        Icons.format_list_bulleted, color: Colors.grey),
    onPressed: () => input("* "),
  ),
  ],
  )
  ],
);
}
```

再次运行代码，在笔记编辑页通过工具栏来输入对应语法，如图 6-15 所示。可以明显感受到，有了工具栏之后输入效率大幅提高。

● 图 6-15　通过工具栏快速插入 Markdown 语法

6.7 Markdown 笔记应用知识扩展

Markdown 笔记应用开发完了，这是一个具备一定复杂度的项目，包含了多页面开发、统一状态管理、数据持久化，以及多页面之间的状态同步。麻雀虽小，五脏俱全，本项目还进行了合理的分层架构设计。希望读者通过这个项目的锻炼，不仅学会 Flutter SharedPreference 持久化库的使用，也对应用的架构经验有所提升，后者是在实际工作中的核心竞争力之一。

本章基于 InheritedWidget 从底层实现了一个全局状态管理器，并采用 InheritedWidget 与 StatefulWidget 相结合的方式，实现了对复杂状态的统一管理。在 Flutter 生态中，已经有许多关于状态管理的最佳实践，本章之所以没有直接使用这些最佳实践，而是从底层开始搭建，主要原因在于 InheritedWidget 是 Flutter 中的核心概念之一，在 Flutter SDK 中有大量核心组件基于 InheritedWidget 实现。因此学会 InheritedWidget 对未来更加深入学习 Flutter 来说是必备基础。而对于这些优秀的最佳实践，也是非常有必要学习的，因此在下一章中，将选择一种最为流行的 Flutter 状态管理方案进行重点学习。

Markdown 是技术界流行的一种写作方式，非常适合文档写作和记录笔记。相信读者已经能够从本章的应用中感受到 Markdown 的魅力了。flutter_markown 库的功能非常丰富。本章由于篇幅有限，只对其进行了最为基础的讲解。感兴趣的读者可以研读一下它的代码，这个库提供了丰富的定制性，可以扩展许多有趣的功能。

知识管理是当下人们所面对的一个难题，对于程序员行业来说尤为突出。在软件行业，技术的更新换代非常频繁，每年都有许多新技术诞生。为了能够快速掌握这些知识，多数人都会选择使用笔记软件。

对本章 Markdown 笔记应用感兴趣的读者不妨将这款软件迭代下去，按照自己的喜好"添砖加瓦"。一方面能够进一步提升 Flutter 开发水平，另一方面相信也会对知识管理这个终身受益的习惯有更加深入的思考。

最后布置几道思考题，供读者进一步锻炼巩固。

1）编辑页标题 Text 展示在标题过长时会出现溢出问题，有两种优化方式，可以设置 Text 通过省略号截断，或者令 Text 根据可用空间自适应字体大小。

2）首页列表的笔记展示项，默认会把笔记内容展示出来，如果笔记内容过多，会导致这一项占据屏幕空间过大。可封装一个方法设定阈值，当内容长度超过这一阈值后，通过省略号方式截断。

3）SharedPreference 只适合存储简单数据，并不适合存储大量笔记数据。在学习下一章

SQLite 后，可尝试使用 SQLite 重新编写储存层。

4）本章基于 InheritedWidget 实现的状态管理层，在下一章学习功能更加强大的状态管理器后，可以尝试对本章的状态管理层进行重写。

5）工具栏只实现了向指针位置插入文本的功能，如果此时指针选中了一段文本，应当在这段文本两侧嵌套对应语法。可深入学习 TextEditingController 后进行实现。

6）当笔记增删改查操作失败后，只是通过打印日志的方式透出，实际中用户无法感知。可通过弹出对话框的形式进行提示。

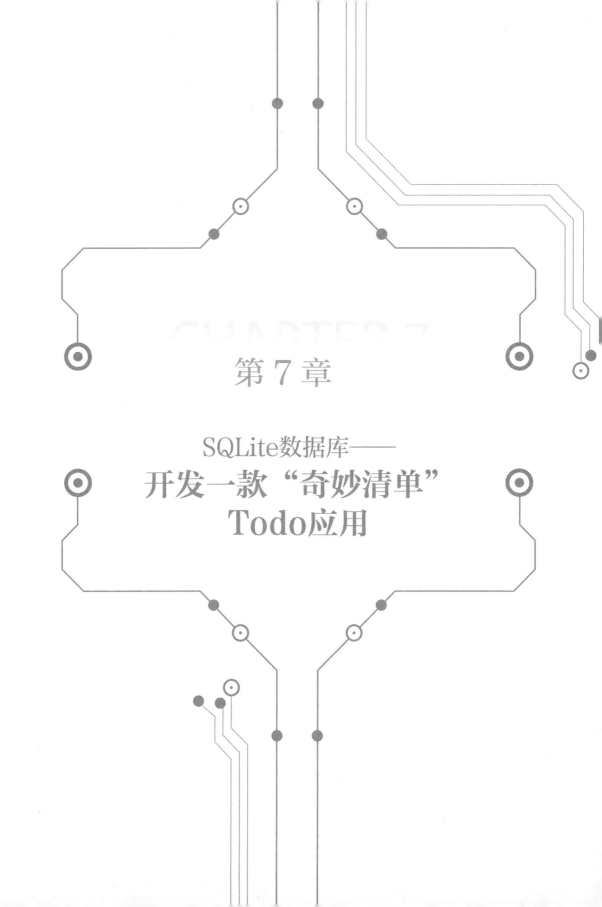

第 7 章

SQLite数据库——
开发一款"奇妙清单"
Todo应用

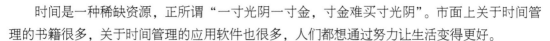

时间是一种稀缺资源，正所谓 "一寸光阴一寸金，寸金难买寸光阴"。市面上关于时间管理的书籍很多，关于时间管理的应用软件也很多，人们都想通过努力让生活变得更好。

Todo 应用是帮助人们实现自律的一种工具，它帮助人们梳理待做事项，让用户时刻知道自己还有哪些事项没有完成，从而抵抗住分心的诱惑，合理利用时间。本章以 Todo 应用作为实战项目，手把手地带领读者开发实现。

7.1 Todo 应用开发要点

从 Flutter 学习角度，之所以选择 Todo 应用，首先因为它是学习数据库编程的绝佳案例，数据库是移动开发中的重要领域之一，在较为复杂的移动应用中常常会用到。其次 Todo 应用的状态层比上一章 Markdown 笔记要更加复杂，更加接近真实的业务复杂度，也更加适合应用状态管理器。本章选用了目前最流行的、Google 官方推荐的 Provider 状态管理器，实现 Todo 应用的状态层。

本章与上一章都聚焦于状态层，这是移动应用开发的难点之一。对于一个复杂应用，会包含许多状态，比如用户状态、支付状态，以及一些特定的业务状态，一旦这些状态出现异常，会造成 UI 展示异常，严重情况下会阻塞产品的交易流程，造成经济损失。因此，搭建一个稳固的状态层，尤其是对于商业项目来说是必不可少的。

可能有读者会感觉这几章的案例 UI 不够美观，在此先不要着急，先耐心把本章的 "内功"修炼好，等到下一章，有了这几章 "功力" 作为支撑，则重点发力 UI，做一款 "大厂" 风范的 Feed 流资讯应用。

▶▶ 7.1.1 使用 sqflite 进行 SQLite 数据库开发

在应用开发中，常常会需要对数据进行持久化保存，以便下次运行时还能获取到。对于结构简单、数量较少的数据来说，使用上一章介绍的 shared_preference 库即可。对于移动开发来说，需要存储大量复杂数据场景也是大量存在的，比如本章的 Todo 应用，以及现实中的笔记应用、聊天工具。对于这些复杂场景来说，使用 SQLite 数据库进行数据持久化是更好的选择。

sqflite 是 Flutter 下的 SQLite 插件，为 Flutter 提供了本地 SQLite 数据库开发的能力。其项目官方 pub 地址为 https://pub.dev/packages/sqflite。下面介绍 sqflite 的常用方法，它的复杂应用将在项目实战中具体介绍。

❶ 创建打开数据库

SQLite 数据库存储在磁盘上，以文件的形式存储。使用 sqflite 首先需要创建并打开一个数据库，通过 openDatabase 方法完成，具体代码实现：

```
import 'package:sqflite/sqflite.dart';
var db = await openDatabase('my_db.db');
```

❷ 创建数据表

SQLite 数据库是关系型数据库，在插入数据前首先要创建数据库表。这里以一个简单的 Todo 应用示例。首先创建一个 Todo 类，包含 3 个属性，分别为数据 id、任务标题 title 和完成状态 done。

之后创建一系列常量，包括表名常量 tableTodo，以及各个列的常量。这些常量的作用有两个，首先在创建表时需要手写表创建的 SQL 语句，常量用于指定 SQL 语句中的表名和列名。其次是 sqflite 在进行数据读写时，采用 Map 数据结构，并以列名作为 Key 值，这里的 Map 作为中间数据结构，最终会被转为 Todo 对象实例，在转换过程中也需要使用到这些常量。通过将表名和列名统一提取为常量，更加便于维护。

在 Todo 类中包含两个方法 toMap 和 fromMap，toMap 用于将 Todo 实例转换为 Map 类型，这是 sqflite 进行写入时接收的数据类型。fromMap 是一个命名构造函数，用于从 sqflite 读数据返回的 Map 类型转换为 Todo 类型实例。

Todo 类的具体代码实现如下：

```
final String tableTodo = 'todo';
final String columnId = '_id';
final String columnTitle = 'title';
final String columnDone = 'done';

class Todo {
  int id;
  String title;
  bool done;

  Map<String, dynamic> toMap() {
    var map = <String, dynamic>{
      columnTitle: title,
      columnDone: done == true ? 1 : 0
    };
    if (id != null) {
      map[columnId] = id;
    }
    return map;
  }

  Todo();
```

```
Todo.fromMap(Map<String, dynamic> map) {
  id = map[columnId];
  title = map[columnTitle];
  done = map[columnDone] == 1;
}
}
```

在上面的代码中，并没有包含执行创建表操作的方法。创建表和增删改查方法在一个对应的数据操作类 TodoProvider 中进行。

在 TodoProvider 中包含一个 open 方法，其中会调用 openDatabase 方法创建打开数据库，并在其 onCreate 回调中进行表创建操作，具体通过调用 execute 方法，并传入表创建 SQL 语句实现。openDatabase 会返回一个 Database 数据库实例，TodoProvider 将其保存到类属性中，用于后续的读写操作。

需要注意的是，openDatabase、execute 均为异步方法，同时下文中将会看到的读写操作也均为异步方法，因此 TodoProvider 中的接口也均为异步。TodoProvider 的具体代码实现如下：

```
class TodoProvider {
  Database db;

  Future open(String path) async {
    db = await openDatabase(path, version: 1,
        onCreate: (Database db, int version) async {
      await db.execute('''
create table $tableTodo (
  $columnId integer primary key autoincrement,
  $columnTitle text not null,
  $columnDone integer not null)
''');
    });
  }
}
```

在上面的代码中，需要注意多行文本（'''）的写法，每行的开头是没有代码缩进的，如果添加缩进，实际上是加到了文本中，这一点在使用多行文本时需要注意。

❸ 插入 Todo 数据

插入操作通过 sqflite Database 的 insert 方法实现，它接收两个参数，第一个参数为数据表名称，第二个参数为具体数据，类型为 Map。在 TodoProvider 中创建 insert 方法，接收 Todo 类型参数，在调用 insert 时，通过 Todo 的 toMap 方法将 Todo 转为 Map 传入，具体代码实现如下：

```
Future<Todo> insert(Todo todo) async {
  todo.id = await db.insert(tableTodo, todo.toMap());
```

```
    return todo;
  }
```

④ 查询 Todo 数据

查询操作通过 sqflite Database 的 query 方法实现，它接收的参数较多，首先传入待查寻的表名称，columns 表示要查询哪些列，where 参数表示检索条件，以一段 SQL 语句的形式表示，whereArgs 则传入检索的匹配值。在 TodoProvider 中创建 getTodo 方法，实现根据 id 获取 Todo，具体代码实现如下：

```
Future<Todo> getTodo(int id) async {
  List<Map> maps = await db.query(tableTodo,
    columns: [columnId, columnDone, columnTitle],
    where: '$columnId = ?',
    whereArgs: [id]);
  if (maps.length > 0) {
    return Todo.fromMap(maps.first);
  }
  return null;
}
```

⑤ 删除 Todo 数据

删除操作通过 delete 方法实现，与查询类似，需要传入待删除数据所在的表，以及删除的判断条件，具体代码实现如下：

```
Future<int> delete(int id) async {
  return await db.delete(
      tableTodo,
      where: '$columnId = ?',
      whereArgs: [id]);
}
```

⑥ 更新 Todo 数据

数据更新通过 update 方法实现，需要传入待更新数据所在的数据表，要更新的数据，用 Map 类型表示，以及要更新的数据的 id，具体代码实现如下：

```
Future<int> update(Todo todo) async {
  return await db.update(tableTodo, todo.toMap(),
      where: '$columnId = ?', whereArgs: [todo.id]);
}
```

▶▶ 7.1.2 使用 Provider 进行 Flutter 复杂状态管理

当应用的状态逻辑到达一定复杂度后，需要考虑使用状态管理器进行统一管理。Flutter 生态中也包含多种状态管理框架。本章介绍 Provider 状态管理器，由 Google 在 I/O 2019 年大会上推出，作为官方推荐的状态管理器之一。

❶ 为什么需要状态管理

要进行状态管理主要有两方面考虑，分别是架构因素和性能因素。

当应用架构变得复杂之后，组件的数量会增多，层级也会加深，在组件间和页面间进行状态共享成为一个问题。同时，随着状态的增多，如何对状态进行拆分，用什么容器来承载状态，也都是需要考虑的问题。在实际开发中，尤其是对于大型的商业应用来说，状态管理是开发中的难点与重点。相当一部分软件缺陷都是由于状态划分不合理、状态不一致导致。

状态管理器是专门用于管理应用状态的框架，Provider 是 Flutter 中的一种热门状态管理框架。顾名思义，Provider 是供应者的意思，它负责管理状态，并为上层业务提供状态访问方式。状态管理器通常具备两个要素"单一数据源，单向数据流"。单一数据源指的是状态在全局只有一处存储，形成唯一事实，从而避免多处存储状态导致的不一致问题。单向数据流指的是上层业务通过观察订阅的方式绑定状态，当状态发生改变的时候，能够自动触发上层业务刷新，保证整个应用内的状态一致性。

除了架构问题，随着项目规模增大，功能不断增加，性能也成为需要考虑的内容。当状态发生变化时，布局树的刷新范围会影响渲染性能。如果每次状态更新，就刷新整个组件树，这会导致许多本身不关心这个状态的组件被刷新，可能会导致过度绘制。最理想的方式是仅刷新受状态影响的部分，最好是精确到组件级别。比如一个页面中只有一个 Text 关注了某个状态，当状态变化时，最好仅刷新这个 Text，而页面本身不进行刷新。

Provider 在设计时充分考虑了性能优化，因而可以实现精确刷新，从而保障应用的渲染性能。

❷ 定义状态类

下面通过一个简单实例来介绍 Provider 的使用方式，在实战环节将给出一个更加贴近于实际的综合使用案例。

首先创建一个状态类，用于存储应用中的状态。如果应用比较复杂，则需要根据状态的类别创建多个状态类。以 Todo 应用为例，创建 TodoState，它包含 Todo 列表属性 todoList，围绕它还包含一系列增删改查方法。

TodoState 类继承自 ChangeNotifer，ChangeNotifer 提供了一种观察者模式，观察者可以通过该类的 addListener 方法添加订阅。在 ChangeNotifer 类中提供了 notifyListeners 方法，用于通知订阅者数据发生更新。

在 Provider 中支持多种订阅方式，ChangeNotifer 是其中一种，除此之外还支持 Listenable、ValueListenable 和 Stream。其中 ChangeNotifer 是最为常用的一种，在本章中重点介绍基于

ChangeNotifer 的使用方式。

TodoState 具体代码实现如下：

```
class TodoState with ChangeNotifier {
  List<Todo> todoList = [];

  void createTodo(Todo todo) async {
    await TodoManager.createTodo(todo);
    todoList.add(todo);
    notifyListeners();
  }

  void updateTodo(Todo todo) async {
    await TodoManager.updateTodo(todo);

    int index = todoList.indexWhere(
          (element) => element.id == todo.id);
    todoList[index] = todo;
    notifyListeners();
  }
  void getAllTodo() async {
    todoList = await TodoManager.getAllTodo();
    notifyListeners();
  }
}
```

在上面的代码中，关于 TodoManager 的使用可暂时忽略，将在实战环节中重点介绍。这里重点关注对状态的操作，能够看出遵循一种模式，即先对 todoList 状态进行操作，操作完成后调用 notifyListeners 方法进行通知。

❸ Provider 全局提供状态

状态类定义好后，接下来需要通过 Provider 框架提供的同名 Provider 组件，将状态插入到组件树中，作为全局状态。

具体插入位置根据需要而定。比如如果需要一个跨页面的全局状态，需要将它插入到 MaterialApp 之上，因为 MaterialApp 中包含了页面路由。在这里将 TodoState 作为全局状态提供：

```
void main() {
  runApp(
    ChangeNotifierProvider(
      create: (context) => TodoState(),
      child: MyApp(),
    )
  );
}
```

由于 Provider 支持 4 种监听类型，对应的包含 4 种 Provider 组件，分别是 ListableProvider、ChangeNotifierProvider、ValueListenableProvider 和 StreamProvider。其中这里用到了 ChangeNotifierProvider，它接收两个参数，一个 create 回调，用于创建状态类实例，以及一个 child 属性，用于传入子组件。如果有多个状态类该怎么做呢？Provider 中还提供了 MultiProvider 组件，用于将多个状态类的 Provider 进行组装：

```
void main() {
  runApp(
    MultiProvider(
      providers: [
        ChangeNotifierProvider(create: (context) => TodoState()),
        ChangeNotifierProvider(create: (context) => ProjectState()),
      ],
      child: MyApp(),
    )
  );
}
```

❹ 订阅状态

在组件中可以通过 Consumer 组件进行状态订阅，在创建组件时需要传入一个泛型，即状态类。在组件的输入属性中传入一个 builder 回调方法，在回调方法的参数中就能够拿到状态类实例了，之后便可以进行 UI 创建并作为返回值返回。具体代码示例如下：

```
Consumer<ProjectState>(
  builder: (context, projectState, widget) {
    List<Project> projectList = projectState.projectList;

    return ListView.builder(
      itemBuilder: (context, index) {
        ...
```

在上面的代码中，当 ProjectState 状态发生变化时，Cosumer 内部的 builder 方法会自动触发，并进行局部刷新。假设有多个状态类，经常需要同时根据多个状态类中的状态进行判断，才能够决定最终的 UI 展示，针对这种情况，ConsumerN 系列组件专门用于同时对多个状态类进行订阅，其中 N 包含从 2~6，覆盖了大部分的应用场景。具体代码示例如下：

```
return Consumer2<TodoState, ProjectState>(
  builder: (context, todoState, projectState, widget) {
    ...
```

❺ 触发状态操作方法

在前面的示例中看到，TodoState 中订阅了一系列数据操作方法，可通过 Provider.of 的方式获取状态类进行操作，具体代码示例如下：

```
ProjectState projectState = Provider.of<ProjectState>(
  context, listen: false);
...
projectState.updateProject(project);
```

在上面的代码中，令 listen 参数为 false，原因在于 Provider.of 默认也会对状态类进行订阅，而实际上在执行操作时，需要的只是触发状态修改，并不需要观察状态，因此传入 listen 参数为 false，能够仅获取实例调用，而不订阅状态。

▶▶ 7.1.3 Todo 应用的业务流程

Todo 应用包含待办事项与项目两个维度。待办事项指一件待完成的事情，包含是否完成、截止日期等属性。项目是待办事项的集合，表示在一定时间内为了实现某种特定目的而进行的活动。有的项目有明确的截止日期，比如准备一场考试；有的项目没有截止日期，比如做家务这种日常性的事务。

假设用户面临一场考试，在使用 Todo 应用时首先创建一个项目，名称为"某某考试准备"，之后思考为了成功应对这场考试，有哪些事情需要做？思考的结果即一系列的待做事项，将这些事项添加到"某某考试准备"项目下即可。生活中还会有一些琐事，比如缴纳话费、电费，或者需要提醒自己出席一场活动。可以再创建一个"生活"项目，将这些事项添加进去。通过这种模式，Todo 应用帮助用户对生活进行梳理，整理出执行的路径，并帮助用户更好地掌控生活，减少过度焦虑。

❶ Todo 应用的架构分层设计

Todo 应用从架构上分为 3 层，从上到下为界面层、状态层及数据层，如图 7-1 所示。

界面层提供了多种页面，供用户进行待办事项筛选、添加编辑项目、添加编辑待办事项。

状态层用于统管整个应用中的状态，用户的项目和待办事项可看作两个列表数据结构，编辑项目、待办事项可看作对列表的增删操作，状态层为整个应用状态提供了准确、唯一的描述，并提供给各个页面进行展示。当应用启动时，状态层读取 SQLite 数据库，将数据加载到状态层。

数据层负责具体的数据库读写操作，首先对数据进行建模，为项目和待办事项这两个概念封装对应 Model，并设计数据库表与 Model 对应。之后围绕 Model 创建增删改查方法，以及数据库初始化方法。当状态层发生状态变更时，状态层会调用数据层的数据库方法，进行对应的修改操作，保证状态层与数据库的一致性。

❷ Todo 应用的页面原型设计

Todo 应用包含 3 个页面，分别是首页、项目编辑页和待办事项编辑页。

首页采用导航抽屉式布局方式，在导航抽屉中展示项目列表，在主视图部分展示待办事项列表，在项目列表中可对待办事项进行筛选。页面原型图如图 7-2 所示。

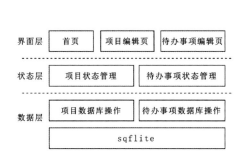

● 图 7-1　Todo 应用分层架构　　　　　　● 图 7-2　Todo 应用首页原型图

项目编辑页用于创建新项目或对已有项目进行编辑。页面原型图如图 7-3 所示。

待办事项编辑页用于创建、编辑待办事项，它的页面结构与项目编辑页基本一致，不同之处在于待办事项的设置项更加丰富一些，包含一个项目选择对话框，以及一个事项完成状态的勾选框。页面原型图如图 7-4 所示，当单击项目 "选择" 按钮时，弹出项目选择对话框，如图7-5 所示。

● 图 7-3　项目编辑页　　　　● 图 7-4　待办事项编辑　　　● 图 7-5　待办事项编辑页
　　　　原型图　　　　　　　　　　页原型图　　　　　　　　　项目选择原型图

③ Todo 应用的项目创建及初始化

创建一个新的 Flutter 应用工程，项目名称为 todo。修改 pubspec.yaml，添加以下依赖：

```
dependencies:
  flutter:
    sdk: flutter

  sqflite: ^1.3.1+2
  provider: ^4.3.2+2
```

执行 flutter pub get 命令拉取依赖。依赖拉取完成后项目的初始化工作准备完毕，接下来正式开始 Todo 应用项目的开发实战。

7.2 基于 sqflite 实现 SQLite 数据层

首先进行数据层的开发，项目和待办事项是整个应用的核心，整个应用都围绕这两个概念进行，因此先对它们进行抽象，封装出对应的 Model。有了 Model 后，就可以使用 sqflite 提供的强大功能进一步封装出增删改查操作。

▶▶ 7.2.1 封装项目 Model

在项目工程中创建 model 目录用于存放 Model，并创建 model/Project.dart，作为项目 Model 代码文件。

项目对应的类为 Project，主要包含 4 个属性：数据表主键 id、项目名称 name、项目创建日期 created 和项目截止日期 deadline。

首先创建一系列常量，包括 Project 对应的数据库表名，每个属性对应于数据库中的每个列，通过常量对每个列进行表示，最后通过 TABLE_CREATE_SQL_PROJECT 常量组装一条 SQL 语句，用于生成数据表。具体代码如下：

```
const TABLE_NAME_PROJECT = "project";
const COLUMN_PROJECT_ID = "id";
const COLUMN_PROJECT_NAME = "name";
const COLUMN_PROJECT_CREATED = "created";
const COLUMN_PROJECT_DEADLINE = "deadline";

const TABLE_CREATE_SQL_PROJECT =
    "CREATE TABLE $TABLE_NAME_PROJECT(" +
      " $COLUMN_PROJECT_ID INTEGER PRIMARY KEY, " +
      " $COLUMN_PROJECT_NAME TEXT, " +
      " $COLUMN_PROJECT_CREATED INTEGER, " +
      " $COLUMN_PROJECT_DEADLINE INTEGER);";
```

有了这些常量后，接下来创建 Project Model 类，其中 fromMap 用于从 Map 中创建 Project 实例，toMap 方法用于将 Project 实例转为 Map 类型。Project 与 Map 互转的原因是 sqflite 库在执行数据库操作时接收的数据类型为 Map。Project 类中使用了上面创建的常量，以保证 Project 与数据库中命名一致。具体代码如下：

```
class Project {
  int id;
  String name;
  int created;
  int deadline;

  Project();

  Project.fromMap(Map<String, dynamic> map) {
    id = map[COLUMN_PROJECT_ID];
    name = map[COLUMN_PROJECT_NAME];
    created = map[COLUMN_PROJECT_CREATED];
    deadline = map[COLUMN_PROJECT_DEADLINE];
  }

  Map<String, dynamic> toMap() {
    return {
      COLUMN_PROJECT_ID: id,
      COLUMN_PROJECT_NAME: name,
      COLUMN_PROJECT_CREATED: created,
      COLUMN_PROJECT_DEADLINE: deadline
    };
  }
}
```

▶▶ 7.2.2 封装待办事项 Model

待办事项对应的类为 Todo，包含 6 个属性，分别是数据表主键 id、事项名称 name、关联项目 project_id、创建日期 created、截止日期 deadline，以及事项的完成状态 finished。创建 model/Todo.dart 作为待办事项的代码文件。Todo 的代码实现原理与上一节的 Project 一致，因此直接给出代码：

```
const TABLE_NAME_TODO = "todo";
const COLUMN_TODO_ID = "id";
const COLUMN_TODO_NAME = "name";
const COLUMN_TODO_PROJECT_ID = "project_id";
const COLUMN_TODO_CREATED = "created";
const COLUMN_TODO_DEADLINE = "deadline";
const COLUMN_TODO_FINISHED = "finished";
```

```
const TABLE_CREATE_SQL_TODO =
    "CREATE TABLE $TABLE_NAME_TODO(" +
      " $COLUMN_TODO_ID INTEGER PRIMARY KEY, " +
      " $COLUMN_TODO_NAME Text, " +
      " $COLUMN_TODO_PROJECT_ID INTEGER, " +
      " $COLUMN_TODO_CREATED INTEGER, " +
      " $COLUMN_TODO_DEADLINE INTEGER, " +
      " $COLUMN_TODO_FINISHED INTEGER);";

const TODO_FINISHED = 1;
const TODO_UNFINISHED = 0;

class Todo {
  int id;
  String name;
  int project_id;
  int created;
  int deadline;
  int finished;

  Todo();

  Todo.fromMap(Map<String, dynamic> map) {
    id = map[COLUMN_TODO_ID];
    name =  map[COLUMN_TODO_NAME];
    project_id = map[COLUMN_TODO_PROJECT_ID];
    created =  map[COLUMN_TODO_CREATED];
    deadline =  map[COLUMN_TODO_DEADLINE] ?? 0;
    finished = map[COLUMN_TODO_FINISHED] ?? TODO_UNFINISHED;
  }

  Todo.copy(Todo todo) {
    id = todo.id;
    name = todo.name;
    project_id = todo.project_id;
    created = todo.created;
    deadline = todo.deadline;
    finished = todo.finished;
  }

  Map<String, dynamic> toMap() {
    return {
      COLUMN_TODO_ID: id,
```

```
      COLUMN_TODO_NAME: name,
      COLUMN_TODO_PROJECT_ID: project_id,
      COLUMN_TODO_CREATED: created,
      COLUMN_TODO_DEADLINE: deadline,
      COLUMN_TODO_FINISHED: finished
    };
  }
}
```

需要注意的是，上面的代码中包含一个 copy 工厂方法，接收一个 Todo 实例并创建一个含有同样数据的新实例。这样做有什么意义呢？比如更新 Todo 任务的完成状态，在获取 Todo 状态实例后，copy 一个同数据的项目，用户操作都是对这个 copy 后的实例进行操作，不会影响到状态层实际状态。要进行状态更新时，则向状态层传入这个新的实例，由状态层用新实例替换掉老实例。这种问题是编程领域中的一类典型问题，被称为 mutable 与 immutable 问题，也是状态管理中基础问题，感兴趣的读者可以进行进一步学习。

▶▶ 7.2.3　sqflite 数据库初始化

Model 创建完成后，接下来进入数据库部分开发，首先是数据库初始化。在项目工程中创建 data 目录，用于存放数据库相关类。创建 data/DBManager.dart，DBManager 为数据库管理类。

DBManager 包含一个类型为 Database 的静态成员_db，作为全局数据库实例。静态方法 getDB 用于获取数据库实例，如果_db 为空，表示首次获取，此时会调用 sqflite 的 openDatabase 方法打开并初始化数据库。在 openDatabase 中，onCreate 表示首次创建数据库，此时需要创建对应的 SQL 数据表，会调用 db.execute 方法执行上一节 Model 中包含 SQL 数据表创建语句的常量。具体代码如下：

```
class DBManager {
  static Database _db;

  static Future<Database> getDB() async {
    if (_db == null) {
      _db = await openDatabase("todo.db",
        onCreate: (db, version) {
          db.execute(TABLE_CREATE_SQL_TODO);
          db.execute(TABLE_CREATE_SQL_PROJECT);
        },
        version: 1
      );
    }
```

```
        return _db;
    }
}
```

▶▶ 7.2.4　实现项目数据库操作类 ProjectManager

有了数据库管理类 DBManager 后，就可以进一步开发相关数据操作的功能了。首先实现项目操作类 ProjectManager，创建 data/ProjectManager.dart 作为源码文件。

在 ProjectManager 中包含一系列静态方法，需要注意的是，由于数据库操作时涉及磁盘读写，均为异步方法，因此 ProjectManager 下的静态方法也均为异步。

ProjectManager 包含 3 个方法，createProject 用于创建一个项目，updateProject 用于对已有项目进行更新，getAllProject 用于从数据库中加载所有项目，下面分别来看。

createProject 首先通过 DBManager 获取全局数据库实例。之后调用 Database 的 insert 方法进行数据插入，在插入时需指定要插入的数据表，这里传入 Project Model 中定义的常量。还要传入要插入的具体数据，且类型为 Map，因此调用 project 的 toMap 方法进行转换。具体实现代码如下：

```
class ProjectManager {
  static Future<void> createProject(Project project) async {
    final db = await DBManager.getDB();

    await db.insert(
      TABLE_NAME_PROJECT,
      project.toMap(),
    );
  }
}
```

updateProject 与 createProject 类似，不同之处在于需调用 Database 的 update 方法进行数据更新。update 除了接收数据表和 Map 类型的数据外，还包含 where 和 whereArgs 两个属性，表示更新项目的匹配方式，在这里通过数据的主键进行匹配。具体代码如下：

```
static Future<void> updateProject(Project project) async {
  final db = await DBManager.getDB();

  await db.update(
    TABLE_NAME_PROJECT,
    project.toMap(),
    where: "id = ?",
```

```
      whereArgs: [project.id]
  );
}
```

getAllProject 方法调用 Database 的 query 进行数据查询，query 也支持通过 where 属性进行条件筛选查询，这里并没有筛选，而是进行了全量查询。query 会将查询结果保存为 Map 类型的列表，因此通过 List.generate 方法遍历列表，并通过 Project.fromMap 方法从 Map 创建出 Project 实例。具体代码如下：

```
static Future<List<Project>> getAllProject() async {
  final db = await DBManager.getDB();
  final projectList = await db.query(TABLE_NAME_PROJECT);

  return List.generate(
    projectList.length,
    (index) => Project.fromMap(projectList[index]));
}
```

▶▶ 7.2.5 实现待办事项操作类 TodoManager

待办事项操作类 TodoManager 与 ProjectManager 的实现方式完全相同，不同之处在于 TodoManager 操作的是 Todo 数据表。创建 data/TodoManager.dart 作为代码文件，直接给出实现代码：

```
class TodoManager {
  static Future<void> createTodo(Todo todo) async {
    final db = await DBManager.getDB();

    await db.insert(
      TABLE_NAME_TODO,
      todo.toMap(),
    );
  }

  static Future<void> updateTodo(Todo todo) async {
    final db = await DBManager.getDB();

    await db.update(
      TABLE_NAME_TODO,
      todo.toMap(),
      where: "id = ?",
      whereArgs: [todo.id]
    );
```

```
  }

  static Future<List<Todo>> getAllTodo() async {
    final db = await DBManager.getDB();
    final todoList = await db.query(TABLE_NAME_TODO);

    return List.generate(
        todoList.length,
        (index) => Todo.fromMap(todoList[index]));
  }
}
```

至此，Todo 应用的数据层部分开发完了，接下来将进入状态层的开发。

7.3 基于 Provider 实现状态层

Provider 为开发者提供了强大的状态管理功能，使状态层开发起来更加方便、简洁，而不必像上一章自制 InheritedWidget 框架那样完全从底层写起。Provider 实现了大量高级功能，能够实现非常细粒度的状态更新把控，这是上一章中自制 InheritedWidget 框架所不具备的。

在 Provider 框架中，与框架同名的 Provider 组件用于提供状态。Provider 包含多种类型，在这里选取 ChangeNotifierProvider，视图层可以对 ChangeNotifier 进行订阅，在状态更新时自动更新视图，非常方便。

▶▶ 7.3.1 实现待办事项状态类 TodoState

首先创建待办事项状态类 TodoState，在项目工程中创建 state 目录，状态层的类都放在这个目录下，创建 state/TodoState.dart，作为代码文件。

TodoState 中包含一个数据成员 todoList，为 Todo 列表类型，这是整个应用中的待办事项状态，围绕这个状态有 3 个状态操作方法，分别是创建待办事项 createTodo、更新待办事项 updateTodo，以及获取所有数据的 getAllTodo，它们均为异步方法。

这 3 个方法的操作模式非常相似，首先进行对应的数据库操作，之后操作内存状态 todoList，这样完成了数据库与内存的一致性更改，之后调用 notifyListeners 方法，告知状态管理器状态已发生更改，界面层的视图会通过订阅机制进行视图更新。

TodoState 的具体代码实现如下：

```
class TodoState with ChangeNotifier {
  List<Todo> todoList = [];
```

```
  void createTodo(Todo todo) async {
    await TodoManager.createTodo(todo);
    todoList.add(todo);
    notifyListeners();
  }

  void updateTodo(Todo todo) async {
    await TodoManager.updateTodo(todo);

    int index = todoList.indexWhere(
            (element) => element.id == todo.id);
    todoList[index] = todo;
    notifyListeners();
  }

  void getAllTodo() async {
    todoList = await TodoManager.getAllTodo();
    notifyListeners();
  }
}
```

▶▶ 7.3.2　实现项目状态类 ProjectState

细心的读者可能已经看出，待办事项与项目实现的套路基本是一模一样的。在数据层如此，在状态层也不例外。项目状态类为 ProjectState，创建 state/ProjectState.dart 代码文件。

ProjectState 包含项目列表状态 projectList，围绕它同样提供 3 个方法，用于更新项目的 updateProject、用于创建项目的 createProject，以及用于加载数据的 getAllProject。这部分的实现与 TodoState 完全相同。

不同之处在于，ProjectState 中还包含一个字符串类型状态 selectedProjectName，它用于记录用户在首页导航抽屉中所选择的项目。在首页的待办事项列表中，将会根据 selectedProjectName 对待办事项进行过滤操作。围绕 selectedProjectName 属性提供 selectProject 方法，首页在项目列表选中项目时，将会调用这个方法进行状态更新。

除此之外，ProjectState 还提供了 findProjectById 方法，能够根据项目的主键返回对应 Project 实例。这个方法主要应用于待办事项编辑页，由于 Todo 中只记录了关联 Project 的主键，因此需要通过这个方法找到对应的 Project。

ProjectState 具体实现代码如下：

```
class ProjectState with ChangeNotifier {
  List<Project> projectList = [];
```

```dart
//当前选中项目
String selectedProjectName;

void selectProject(String projectName) {
  selectedProjectName = projectName;
  notifyListeners();
}

Project findProjectById(int projectId) {
  for (Project p in projectList) {
    if (p.id == projectId) {
      return p;
    }
  }
  return null;
}

void updateProject(Project project) async {
  await ProjectManager.updateProject(project);

  int index = projectList.indexWhere(
          (element) => element.id == project.id);

  if (projectList[index].name == selectedProjectName) {
    selectedProjectName = project.name;
  }

  projectList[index] = project;

  notifyListeners();
}

void createProject(Project project) async {
  await ProjectManager.createProject(project);
  projectList.add(project);
  notifyListeners();
}
void getAllProject() async {
  projectList = await ProjectManager.getAllProject();
  notifyListeners();
}
}
```

►► 7.3.3 使用 MultiProvider 对外提供状态

在前面的两个小节中创建了 TodoState 和 ProjectState，还并没有与应用打通，本小节实现状态层打通。来到 main.dart，对 main 方法进行修改。

首先在 main 方法中创建 TodoState 和 ProjectState 实例作为全局状态，并分别传入 ChangeNotifierProvider 作为 Provider。Todo 应用是一个多 Provider 应用，Provider 框架提供了 MultiProvider 组件对多 Provider 进行统一管理。

修改后的 main 方法如下：

```
void main() {
  runApp(
    MultiProvider(
      providers: [
        ChangeNotifierProvider(create: (context) => TodoState()),
        ChangeNotifierProvider(create: (context) => ProjectState()),

      ],
      child: MyApp(),
    )
  );
}
```

这样，在整个应用中就可以通过 Provider 提供的接口，随时获取到状态层的状态，以及执行状态操作。不论在哪一个组件执行状态操作，其他组件都会自动刷新，保证了全局的数据一致性。

状态层部分开发完成，可见基于 Provider 进行状态层开发是十分便利的。在后续章节进行视图层开发中，将介绍如何订阅状态进行展示，以及如何进行状态修改。

7.4 创建 Todo 应用首页

Todo 应用首页采用抽屉式导航栏布局，导航栏中展示项目列表，可针对项目进行筛选过滤，主内容区域为待办事项列表。在项目工程下创建 page 目录，并创建 page/PageHome.dart 作为首页的代码文件。

首页对应类名为 PageHome，整体使用 Scaffold 布局，通过 drawer 属性设置导航抽屉布局，在 body 属性中设置待办事项列表，在 floatingActionButton 配置一个 FAB，单击进入待办事项创建页 PageTodoEdit，这个页面将会在后续小节中进行实现。具体代码如下：

```
class PageHome extends StatefulWidget {
  @override
  State<StatefulWidget> createState() {
    return _PageHomeState();
  }
}

class _PageHomeState extends State<PageHome> {

  ...

  @override
  Widget build(BuildContext context) {
    return Scaffold(
      appBar: AppBar(
        title: Text("Todo App"),
      ),
      drawer: getDrawer(),
      body: getTodoList(),
      floatingActionButton: FloatingActionButton(
        onPressed: () =>
            Navigator.push(context,
              MaterialPageRoute(
                builder: (context) =>
                    PageTodoEdit(null))),
        child: Icon(Icons.add),
      ),
    );
  }
}
```

在上面的代码中，抽屉布局方法 getDrawer 和待办事项列表方法 getTodoList 将在下面小节中实现。

▶▶ 7.4.1　使用 Consumer 实现项目列表

getDrawer 方法实现导航抽屉布局，并包含项目列表。导航抽屉布局采用 Column 布局纵向排列，从上到下分别为导航抽屉头部 DrawerHeader、项目列表，以及一个固定在底部的添加项目列表，单击后跳转到项目编辑页 PageProjectEdit，这个页面也将在后续小节中介绍。具体实现如下：

```
Widget getDrawer() {
  return Drawer(
    child: Column(
```

```
        crossAxisAlignment: CrossAxisAlignment.stretch,
        children: <Widget> [
          DrawerHeader(
            child: Text("项目列表", style: TextStyle(fontSize: 24)),
            decoration: BoxDecoration(
              color: Colors.blue,
            ),
          ),
          Expanded(
            child: getProjectList(),
          ),
          MaterialButton(
            child: Text("创建项目"),
            onPressed: () =>
              Navigator.push(context,
                MaterialPageRoute(
                  builder: (context) =>
                      PageProjectEdit(null))),
          )
        ],
      ),
    );
  }
```

在上面的代码中，获取项目列表被封装在 getProjectList 方法中，在 getProjectList 中首先需要访问 Provider 状态层获取项目列表，在这里采用了 Provider 提供的 Cosumer 组件，Consumer 通过泛型指定需要观察的状态，在这里为 ProjectState，并当状态发生变化时，对 builder 内的布局进行局部刷新。

值得强调的是，当状态变化时，Consumer 并没有刷新整个组件，而是针对 builder 内的布局进行局部刷新，避免了多余的刷新判断逻辑，对性能有所提升，可看出 Provider 作为 Flutter 开发中流行的状态管理最佳实践的强大之处。Provider 中还提供了许多更高级的用法，可以实现更细粒度、更精确的局部刷新，对复杂应用的性能优化有所帮助，建议感兴趣的读者深入学习。

回到 getProjectList 方法中来，通过 Consumer 获取到 ProjectState，从 ProjectState 中取出项目列表 projectList。接下来将 projectList 列表从一个 Project 列表转为 String 列表，只保留项目名称，并在转换后的列表开头加入一个"所有"项。这是因为项目列表起到筛选过滤的作用，用户需要有方法回到不过滤的状态。之后创建 ListView，传入处理后的列表，并映射为按钮组件，在按钮中添加了两个单击回调。当发生单击时，调用 ProjectState 的 selectProject 方法，更新当前所选中的 Project。当发生长按事件时，表示对项目进行编辑，因此跳转到项目编辑页

PageProjectEdit，同时传入当前列表项所对应的 Project。

getProjectList 具体实现代码如下：

```
Widget getProjectList() {
  return Consumer<ProjectState>(
    builder: (context, projectState, widget) {
      List<Project> projectList = projectState.projectList;
      List<String> projectNames = List.generate(
          projectList.length, (index) => projectList[index].name);
      projectNames.insert(0, "所有");

      return ListView.builder(
        itemBuilder: (context, index) {
          bool selected =
              projectState.selectedProjectName == projectNames[index];

          return MaterialButton(
            child: Text(
              projectNames[index],
              style: TextStyle(
                color: selected ? Colors.blue : Colors.grey
              ),
            ),
            onPressed: () =>
                projectState.selectProject(projectNames[index]),
            onLongPress: () {
              if (index == 0) return;
              Navigator.push(context, MaterialPageRoute(
                  builder: (context) =>
                      PageProjectEdit(projectList[index - 1])
              ));
            },
          );
        },
        itemCount: projectNames.length,
      );
    }
  );
}
```

▶▶ 7.4.2 创建待办事项列表项组件

在项目列表中，列表项仅为一个按钮，整体比较简单。待办事项列表的列表项要复杂一些，它包括了对待办事项多种信息的展示，还包含一个勾选按钮，单击后将直接通过状态层修改完成状态。因此将待办事项列表项组件进行组件化封装。在项目工程中创建 component 目录存放组件，创建 component/TodoListTile.dart 作为代码文件。

待办事项列表项组件名称为 TodoListTile，它是一个无状态组件，接收从外部传入的 Todo 对象。TodoListTile 的整体布局基于 ListTile 中列表项组件，在 subtitle 子标题部分传入一个标签列表，在标签中包含 Todo 对应的项目信息及截止日期信息。在 ListTile 的 trailing 部分包含一个勾选按钮，单击后会调用 toggleTodo 访问状态层修改完成状态，同时 ListTile 整体也是可单击的，单击后会调用 onItemClick 跳转到待办事项编辑页。具体代码如下：

```
class TodoListTile extends StatelessWidget {
  Todo _todo;

  TodoListTile(this._todo);

  void toggleTodo(BuildContext context) {
    Todo todo = Todo.copy(_todo);
    todo.finished = todo.finished == TODO_FINISHED
        ? TODO_UNFINISHED : TODO_FINISHED;
    Provider.of<TodoState>(context, listen: false).updateTodo(todo);
  }

  void onItemClick(BuildContext context) {
    Navigator.push(context, MaterialPageRoute(
      builder: (context) => PageTodoEdit(_todo)
    ));
  }
  Widget getBadge(String text) {
    return Container(
      padding: EdgeInsets.all(2),
      margin: EdgeInsets.only(right: 4),
      decoration: BoxDecoration(
        borderRadius: BorderRadius.circular(2),
        color: Colors.blue
      ),
      child: Text(
        text,
        style: TextStyle(color: Colors.white),
      ),
    );
  }

  List<Widget> getSubtitle(BuildContext context) {
```

```
    return [
      if (_todo.project_id != null) getBadge(
        Provider
            .of<ProjectState>(context)
            .findProjectById(_todo.project_id).name
      ),
      if (_todo.deadline > 0)
        getBadge("截止:${DateUtils.formatDate(_todo.deadline)}")
    ];
  }

  @override
  Widget build(BuildContext context) {
    List<Widget> subtitle = getSubtitle(context);

    return ListTile(
      title: Text(
        _todo.name,
        style: TextStyle(fontSize: 18),
      ),
      subtitle: subtitle.isNotEmpty
          ? Row(children: subtitle) : null,
      trailing: IconButton(
        icon: Icon(
          _todo.finished == TODO_FINISHED
              ? Icons.check_circle
              : Icons.check_circle_outline,
          color: _todo.finished == TODO_FINISHED
              ? Colors.green
              : Colors.grey,
        ),
        onPressed: () => toggleTodo(context),
      ),
      onTap: () => onItemClick(context),
    );
  }
}
```

在上面的代码中，toggleTodo 中通过 Provder 的 of 方法获取 TodoState 状态，需要注意的是，当调用状态方法，或仅获取状态属性取值时，在 of 时需要令 listen 属性为 false，表示不进行监听。此时获取到的状态属性取值也只是获取值，并没有进行订阅，因此以非监听方式获取到的属性值，并不会随着状态更新而自动更新，这里需要注意。

在 getSubtitle 中为了方便时间格式化还创建了一个工具类方法。创建 utils/DateUtils.dart，具体代码为：

```
class DateUtils {
  static formatDate(int timestamp) {
    DateTime dt = DateTime.fromMillisecondsSinceEpoch(timestamp);
    return "${dt.year}年${dt.month}月${dt.day}日";
  }
}
```

▶▶ 7.4.3 使用 Consumer2 实现待办事项列表

TodoListTile 开发完成后，回到首页继续开发主内容区域的待办列表，即 PageHome 的 getTodoList 方法。在待办事项列表中，不仅需要从 TodoState 中获取待办事项列表，还要从 ProjectState 中获取用户当前所选的项目，并根据所选项目对待办事项列表进行一次过滤。

在 Provider 框架中提供 Consumer2 组件，能够同时订阅两个状态，正好符合这里的需求。除了 Consumer2 之外，Provider 还支持对更多状态进行同时订阅，还提供了 Consumer3、Consumer4⋯，最高到 Consumer6。其实查看它们的源码实现，会发现 Consumer 的内部实现很简单，有固定的套路，沿用这个套路能实现更大的 Consumer。获取大量状态进行同时判断意味着非常复杂的业务逻辑，这在实际开发中是很少遇到的。如果在自己的项目中真的大量出现这种情况，需要优先思考一下项目的整体架构分层是否合理。

回到 getTodoList 方法中，具体代码实现如下：

```
Widget getTodoList() {
  return Consumer2<TodoState, ProjectState>(
    builder: (context, todoState, projectState, widget) {
      List<Todo> todoList;
      String filterProject = projectState.selectedProjectName;
      if (filterProject == null || filterProject.isEmpty) {
        todoList = todoState.todoList;
      } else if (filterProject == "所有") {
        todoList = todoState.todoList;
      } else {
        todoList = todoState.todoList.where((todo) =>
          projectState.findProjectById(todo.project_id)?.name
            == filterProject).toList();
      }

      return ListView.separated(
        itemBuilder: (context, index) {
          return TodoListTile(todoList[index]);
        },
```

```
      itemCount: todoList.length,
      separatorBuilder: (context, index) => Divider(),
    );
  }
 );
}
```

至此首页部分开发完成。由于两个编辑页面尚未实现，无法手动添加数据，此时运行首页将是一片空白。但在编程时最好采用步步为营的方式，写好一个模块就立刻对其实际效果进行验证。在这里读者可以采用构造 Mock 数据的方式，可以向 ProjectState 的 projectList 和 TodoState 的 todoList 添加几个通过代码创建的 Model。添加数据后，首页待办事项效果如图 7-6 所示，导航抽屉项目列表如图 7-7 所示。

● 图 7-6　首页待办事项列表　　　　● 图 7-7　首页导航抽屉项目列表

当用户首次打开应用时，需要从数据库中加载数据到状态管理器中，将应用状态恢复到上次使用时的样子。这个初始化过程放在_PageHomeState 的 initState 生命周期中。具体实现方式为，首先通过 Provider 提供的 Provider 接口分别拿到 TodoState 和 ProjectState，分别调用这两个状态的 getAll 方法，由状态层去访问数据层并完成状态初始化。实现代码如下：

```
class _PageHomeState extends State<PageHome> {

  @override
  void initState() {
    super.initState();
    Provider
      .of<TodoState>(context, listen: false)
      .getAllTodo();
    Provider
```

```
        .of<ProjectState>(context, listen: false)
        .getAllProject();
    }

    ...
}
```

7.5 创建 Todo 应用项目编辑页

首页开发完成后，接下来开发两个编辑页面，本节先从元素少一些的项目编辑页开始。创建 page/PageProjectEdit.dart 作为项目编辑页的代码文件。

项目编辑页名称为 PageProjectEdit，接收外界传入的 Project 对象，如果外界传入 Project 为空，表示创建新 Project，如果非空则表示对其进行编辑更新。

在 PageProjectEdit 的状态_PageTodoEditState 的 initState 生命周期中，根据 Project 的取值对属性进行初始化。PageTodoEditState 的属性包括标题内容_nameController，创建时间_created，以及截止时间_deadline。它们是编辑中的 Project 状态，当用户单击完成按钮后，这些状态会组装成新的 Project 实例，并通过状态层方法实现对应的创建或更新操作。

▶▶ 7.5.1 实现项目编辑页整体 Scaffold 布局

PageTodoEditState 的布局整体基于 Scaffold，在 appBar 标题栏中添加了一个完成按钮，用户编辑完毕后单击完成按钮，实现保存逻辑并返回上一页。主内容区域为一个 ListView，并以行的方式排列不同的表单输入项。

PageProjectEdit 的主体框架代码如下：

```
class PageProjectEdit extends StatefulWidget {
  final Project _project;

  PageProjectEdit(this._project);
  @override
  State<StatefulWidget> createState() {
    return _PageTodoEditState();
  }
}

class _PageTodoEditState extends State<PageProjectEdit> {
  TextEditingController _nameController;
```

```dart
int _created;
int _deadline;

@override
void initState() {
  super.initState();
  Project originProject = widget._project;

  _nameController = TextEditingController(
      text: originProject?.name ?? "");
  _created = originProject?.created
      ?? DateTime.now().millisecondsSinceEpoch;
  _deadline = originProject?.deadline ?? 0;
}

@override
void dispose() {
  super.dispose();
  _nameController.dispose();
}

@override
Widget build(BuildContext context) {
  return Scaffold(
    appBar: AppBar(
      title: Text("编辑项目"),
      actions: <Widget>[
        IconButton(
          icon: Icon(
            Icons.check,
            color: Colors.white,
          ),
          onPressed: saveProject,
        )
      ],
    ),
    body: Container(
      padding: EdgeInsets.all(8),
      child: ListView(
        children: [
          getNameRow(),
          Divider(),
          getCreatedRow(),
          Divider(),
```

```
            getDeadlineRow()
          ],
        ),
      ),
    );
    }
  }
```

在上面的代码中，有几个 getRow 方法没有实现，将在接下来的小节中分别实现。getNam-eRow 方法用于编辑项目名称，通过 TextField 组件实现，具体代码如下：

```
Widget getNameRow() {
  return Row(
    children:<Widget>[
      Text("名称:",),
      Expanded(
        child: TextField(
          controller: _nameController,),
      )
    ],
  );
}
```

▶▶ 7.5.2 使用 showDatePicker 编辑创建和截止时间

getCreatedRow 方法用于编辑项目的创建时间，其中使用了 Flutter 提供的时间选择对话框组件，这一组件通过 showDatePicker 方法触发，需要传入当前时间 initialDate，并提供可供选择的时间段 firstDate 和 lastDate。需要注意的是，Project 中的_created 存储的是 UTC 时间戳，需要通过 DateTime 的 fromMillisecondsSinceEpoch 先转换成 DateTime 实例。

showDatePicker 基于 Flutter 的 Dialog 机制实现，通过异步方式返回用户选取的时间。由于时间选择对话框是在单击 "更改" 按钮的回调中展示的，因此这个单击回调是一个异步方法，并在异步方法中通过 await 的方式同步调用 showDatePicker。

用户在时间选择对话框中选定时间后，将会更新_created 状态。具体代码实现如下：

```
Widget getCreatedRow() {
  return Row(
    children:<Widget>[
      Text("创建时间:"),
      Expanded(
        child: Text(DateUtils.formatDate(_created)),
      ),
      OutlineButton(
```

```
                child: Text("更改"),
                onPressed: () async {
                  DateTime dt =
                    DateTime.fromMillisecondsSinceEpoch(_created);
                  var result = await showDatePicker(
                      context: context,
                      initialDate: dt,
                      firstDate: dt.add(Duration(days: -365)),
                      lastDate: dt.add(Duration(days: 365)));
                  if (result != null) {
                    setState(() {
                      _created = result.millisecondsSinceEpoch;
                    });
                  }
                }
              )
          ],
        );
    }
```

getDeadlineRow 方法用于编辑项目的截止时间，它的实现与 getCreatedRow 基本一致，唯一的不同在于项目截止时间非必选项，允许为空，因此需要对展示进行判空操作。具体代码实现如下：

```
Widget getDeadlineRow() {
  return Row(
    children:<Widget>[
      Text("截止时间:"),
      Expanded(
        child: Text(
          _deadline > 0
              ? DateUtils.formatDate(_deadline)
              : "无"),
      ),
      OutlineButton(
        child: Text("更改"),
        onPressed: () async {
          DateTime dt = _deadline > 0
              ? DateTime.fromMillisecondsSinceEpoch(_deadline)
              : DateTime.now();
          var result = await showDatePicker(
              context: context,
              initialDate: dt,
              firstDate: dt.add(Duration(days: -365)),
```

```
              lastDate: dt.add(Duration(days: 365)));
          if (result != null) {
            setState(() {
              _deadline = result.millisecondsSinceEpoch;
            });
          }
        }
      )
    ],
  );
}
```

▶▶ 7.5.3 访问 ProjectState 实现项目数据保存

saveProject 方法用于当用户单击完成按钮时保存项目数据。在 saveProject 中，首先根据
_PageTodoEditState 中的属性值构造出新的 Project 实例，并根据最初传入的_project 是否为空来
判断是新建项目还是对已有项目进行编辑，并分别调用 ProjectState 状态的对应方法。最后进行
页面返回操作回到首页。

具体实现代码如下：

```
void saveProject() {
  ProjectState projectState = Provider.of<ProjectState>(
    context, listen: false);

  if (widget._project != null) {
    // update
    Project project = Project();
    project.id = widget._project.id;
    project.name = _nameController.text;
    project.created = _created;
    project.deadline = _deadline;
    projectState.updateProject(project);
  } else {
    // create
    Project project = Project();
    project.name = _nameController.text;
    project.created = _created;
    project.deadline = _deadline;
    projectState.createProject(project);
  }
  Navigator.pop(context);
}
```

至此项目编辑页开发完成了，在本节中对这个页面的实际运行效果进行测试。首先运行代码，通过首页导航抽屉底部可进入项目编辑页，如图 7-8 所示。

填写项目名称，配置创建、截止时间后，单击右上角的完成按钮，会执行数据库存储操作并返回首页。回到首页时可以看到新创建的分类已经出现在项目列表中，如图 7-9 所示，图中"新创建分类"项目为刚刚创建的。

长按"新创建分类"，则再次进入项目编辑页，在编辑页中可对项目内容进行编辑。比如将名称更改为"读书"并再次保存，能够看到项目列表中对应的项目名称已经更改为最新。

● 图 7-8　项目编辑页

● 图 7-9　项目列表展示出新创建分类

7.6　创建 Todo 应用待办事项编辑页

实现了项目编辑页后，接下来实现待办事项编辑页。待办事项编辑页整体实现思路与项目编辑页是完全相同的，不同之处在于待办事项包含的表单项更多一些。创建 page/PageTodoEdit.dart 作为代码文件。

▶▶ 7.6.1　实现待办事项编辑页整体 Scaffold 布局

待办事项编辑页页面名称为 PageTodoEdit，整体也采用 Scaffold 布局方式。这里直接给出主体框架代码：

```dart
class PageTodoEdit extends StatefulWidget {
  final Todo _todo;

  PageTodoEdit(this._todo);

  @override
  State<StatefulWidget> createState() {
    return _PageTodoEditState();
  }
}
class _PageTodoEditState extends State<PageTodoEdit> {
  TextEditingController _nameController;

  Project _project;
  int _created;
  int _deadline;
  int _finished;

  @override
  void initState() {
    super.initState();
    Todo originTodo = widget._todo;

    _nameController = TextEditingController(
        text:originTodo?.name ?? "");
    _created = originTodo?.created
        ?? DateTime.now().millisecondsSinceEpoch;
    _deadline = originTodo?.deadline ?? 0;
    _finished = originTodo?.finished ?? TODO_UNFINISHED;

    _project = originTodo != null
        ? Provider
          .of<ProjectState>(context, listen: false)
          .findProjectById(originTodo.project_id)
        : null;
  }

  @override
  void dispose() {
    super.dispose();
    _nameController.dispose();
  }

  @override
```

```
Widget build(BuildContext context) {
  return Scaffold(
    appBar: AppBar(
      title: Text("编辑待办事项"),
      actions: <Widget>[
        IconButton(
          icon: Icon(
            Icons.check,
            color: Colors.white,
          ),
          onPressed: saveTodo,
        )
      ],
    ),
    body: Container(
      padding: EdgeInsets.all(8),
      child: ListView(
        children: [
          getNameRow(),          //待办项名称
          Divider(),
          getProjectRow(),       //待办所属项目
          Divider(),
          getCreatedRow(),       //待办创建时间
          Divider(),
          getDeadlineRow(),      //待办截止时间
          Divider(),
          getFinishedRow()
        ],
      ),
    ),
  );
}
```

在上面的代码中，getNameRow、getCreatedRow、getDeadlineRow 与上一节中完全相同，因此不再赘述。接下来的小节仅对新增表单项进行介绍。

getFinishedRow 的作用是对项目的完成状态进行编辑，布局中主要元素为 IconButton，并根据 Todo 是否完成展示不同的图标与颜色，当勾选任务完成状态时，对编辑中完成状态实现取反操作。具体实现代码如下：

```
Widget getFinishedRow() {
  return Row(
    children: <Widget>[
```

```
        Text("完成状态:"),
        IconButton(
          icon: Icon(
            _finished == TODO_FINISHED
                ? Icons.check_circle
                : Icons.check_circle_outline,
            color: _finished == TODO_FINISHED
                ? Colors.green
                : Colors.grey,
          ),
          onPressed: () => setState(() {
            _finished = _finished == TODO_FINISHED
                ? TODO_UNFINISHED : TODO_FINISHED;
          }),
        )
      ],
    );
  }
```

▶▶ 7.6.2 通过自定义对话框实现项目选择

getProjectRow 的作用是供用户选择待办事项所关联的项目。这里采用对话框的形式，当用户单击 "选择" 按钮时，会弹出一个项目列表对话框供用户进行选择。表单项的代码实现如下：

```
Widget getProjectRow() {
  return Row(
    children: <Widget>[
      Text("项目:"),
      Expanded(
        child: Text(_project?.name ?? "无"),
      ),
      OutlineButton(
        child: Text("选择"),
        onPressed: () => showProjectDialog().then((project) {
          if (project == null) return;
          setState(() {
            _project = project;
          });
        }),
      )
    ],
  );
}
```

在上面的代码中，通过 showProjectDialog 展示项目列表对话框，并通过异步方式接收用户选择的结果。在 showProjectDialog 中调用 Flutter 的 showDialog 方法展示对话框，并在 builder 中返回 AlertDialog 组件，这是 Flutter 中的可定制对话框组件，并在其 content 方法中实现对应布局。在这里传入了一个 ListView 用于展示项目列表，并设置 ListView 的 shrinkWrap 属性为 true，这样当数据不满一屏时对话框能动态缩小到合适高度。

showProjectDialog 具体代码实现如下：

```
Future<Project> showProjectDialog() async {
  List<Project> projectList = Provider
      .of<ProjectState>(context, listen: false)
      .projectList;

  return showDialog(
    context: context,
    builder: (context) {
      return AlertDialog(
        title: Text("所属项目"),
        content: Container(
          width: double.minPositive,
          child: ListView.builder(
            shrinkWrap: true,
            itemBuilder: (context, index) {
              return ListTile(
                title: Text(projectList[index].name),
                onTap: () =>
                    Navigator.pop(context, projectList[index]),
              );
            },
            itemCount: projectList.length,
          ),
        ),
      );
    }
  );
}
```

▶▶ 7.6.3　访问 TodoState 实现待办事项数据保存

当用户在待办事项编辑页单击保存按钮时，会调用 saveTodo，其实现方式与项目编辑页相同，这里直接给出代码实现：

```
void saveTodo() {
  TodoState todoState = Provider.of<TodoState>(
```

```
    context, listen: false);

  if (widget._todo != null) {
    Todo todo = Todo();
    todo.id = widget._todo.id;
    todo.name = _nameController.text;
    todo.created = _created;
    todo.deadline = _deadline;
    todo.finished = _finished;
    todo.project_id = _project?.id ?? null;
    todoState.updateTodo(todo);
    //更新
  } else {
    //新建
    Todo todo = Todo();
    todo.name = _nameController.text;
    todo.created = _created;
    todo.deadline = _deadline;
    todo.project_id = _project?.id ?? null;
    todoState.createTodo(todo);
  }
  Navigator.pop(context);
}
```

待办事项编辑页的代码部分开发完成了，编译代码对运行效果进行测试。从首页右下角的 FAB 按钮可进入待办事项编辑页，如图 7-10 所示。

单击项目栏的 "选择" 按钮，可进行项目关联，如图 7-11 所示。

● 图 7-10 待办事项编辑页

● 图 7-11 选择待办事项所属项目

7.7 Todo 应用知识扩展

一个功能完整的 Todo 应用开发完成了。它具备项目、待办事项双功能维度，使用 SQLite 数据库进行数据持久化，且使用 Provider 状态管理器进行统一状态管理，具备清晰的架构分层。"麻雀虽小，五脏俱全"，Todo 应用虽然功能还比较简单，但核心架构是比较齐全的。

经过本章和上一章对状态层的学习，读者可能已经感受到，尽管页面和界面层元素很多，但实际上状态的数据结构非常简单。如果从数据结构回头看 Todo 应用，只不过是两个 Model 列表而已，并且一些核心操作也不过是简单的列表操作。这是一种有益的思考方式，能够帮助抓住产品的实质，并始终聚焦于核心问题。对这一主题感兴趣的读者可以进一步学习领域驱动设计与系统论相关著作，相信能够加深理解，开阔眼界。

从该项目中也体现出采用统一状态管理器的好处。在状态管理器流行之前，页面间的状态不同步是移动开发中经常遇到的问题，比如各个页面中自己对状态直接进行修改，导致状态修改操作散落在各个页面中，出现状态重复，甚至相互矛盾的情况。状态管理器推广之后，由于状态在全局中只有一份，且状态操作全部收敛进状态层，再加上自动数据订阅同步机制，不论在何处需要修改状态，都不再像从前那样有所顾虑。

如果读者跟随讲解完成了 Todo 应用项目，相信此时已构思出很多新功能，想要对 Todo 应用进行扩展。这其实就是互联网产品研发中的敏捷迭代思想，即首先构造出一个最小的可执行原型，跑通核心主流程。之后通过版本迭代的方式，逐渐将新功能添加进去。应用就像进化一般不断演进，并演进出独特的产品特色。如果产品的演进方向能够满足用户的需求，给用户带来价值，就有可能取得成功。这也是互联网行业的魅力所在。

在此按照惯例，给读者布置一些思考题。

1）在首页待办事项列表顶部添加一个截止日期警示组件，列举快要到截止日期的待办事项、项目进行展示，以提醒用户。

2）在两个编辑页中进行保存时，并没有对数据进行验证，应当判断标题不能为空。

3）学习 Flutter 的 WillPopScope 组件，实现编辑页返回二次确认。

4）深入学习 Flutter Dialog 机制，学习对话框与页面之间的关系。

5）学习 Flutter 中其他流行的状态管理器，对比不同管理器的特点。

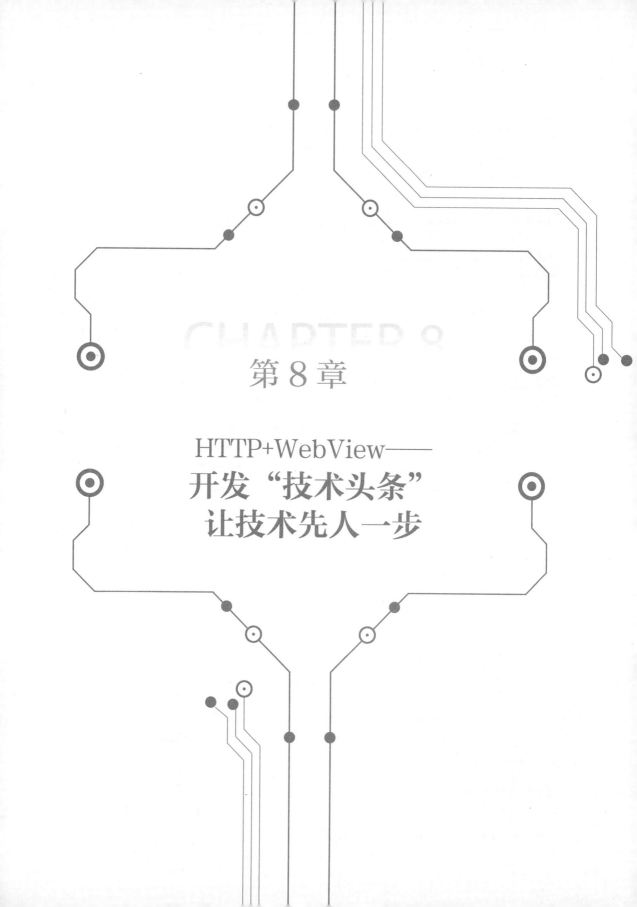

第 8 章

HTTP+WebView——
开发 "技术头条"
让技术先人一步

新闻资讯类应用是人们平时的必备应用，而对于技术人员来说，同样也需要一个技术领域的新闻资讯应用，即本章的实践项目——技术头条。

GitHub 是全球最大的开源代码托管网站，通过它能了解到世界上最新的计算机软件技术动态。技术头条应用是一个 GitHub 客户端，基于其开放 API 实现。技术头条重点突出了资讯能力，能够帮助用户捕捉到最新技术动态。

8.1 技术头条开发要点

在前几章中通过精心挑选实战项目，完成了对 Flutter 开发各个基础部分的学习，这些基础是非常重要的，尤其是状态管理，使用了两个章节进行讲解，它是开发架构清晰、高质量大型项目的关键。

在这些主题中还缺少一个，即 HTTP 网络通信能力，这是本章的核心主题。HTTP 网络通信是实际移动开发工作中打交道最多的地方。在实际的移动开发工作中，一般均采用 C/S 架构，前端主要负责数据的展示与操作事件上报，具体业务逻辑和数据存储在后端服务器中进行，前后端通过 HTTP 协议通信。大部分的应用都是基于这套经典架构模式实现的。

对于 HTTP 客户端开发学习来说，首先需要找一套开放的 API 服务以供调用学习。这里选择了 GitHub REST API，https://docs.github.com/en/free-pro-team@latest/rest，它的 HTTP 接口协议质量非常高，同时又提供免费使用，是一个理想的学习资源。

通过对本章的学习，将会完成对 Flutter HTTP 通信开发的学习，同时会以技术头条应用作为实战项目，将带领读者一步步基于 GitHub API 和 WebView 打造出一个偏重于资讯阅读的 GitHub 客户端。

与前几章的实践案例一样，技术头条应用也对读者的实际学习生活有所帮助，读者们可以将它装在手机中，时常打开获取技术资讯。感兴趣地读者可以进一步开发迭代。

▶▶ 8.1.1 Flutter http 网络库介绍

http 库是 Flutter 生态中流行的网络库之一，为 Flutter 提供了 HTTP 通信能力。同时这个库能够跨移动端、桌面端、浏览器多平台。下面介绍这个库的基本使用方式。

http 库包首页为 https://pub.dev/packages/http，在此页面查看库的最新版本，并在 pubspec.yaml 中添加依赖。

❶ 发起 Post 请求

http 库提供两个方法，get 与 post 方法，分别对应于 GET、POST 请求。以最常用的 POST 请求为例，在 post 请求方法中，以参数的形式传入 url 与 body 参数。get 与 post 均为异步方法，返回 Response 结果。当 response 返回之后，可通过 statusCode 属性查看响应状态码，或者通过 body 属性查看服务器返回结果。具体代码实现如下：

```
import 'package:http/http.dart' as http;

var url = 'https://example.com/whatsit/create';
var response = await http.post(
    url, body: {'name': 'doodle', 'color': 'blue'});
print('Response status: ${response.statusCode}');
print('Response body: ${response.body}');
```

❷ 复用请求连接

如果需要对同一个 Server 进行多次请求，可以把 Client 保存下来，其中包含了持久化的链接。多次请求复用同一个 client，可避免反复创建链接，加快网络请求速度，节省资源开销。具体代码实现如下：

```
var client = http.Client();
try {
  var uriResponse = await client.post(
      'https://example.com/whatsit/create',
      body: {'name': 'doodle', 'color': 'blue'});
  print(await client.get(uriResponse.bodyFields['uri']));
} finally {
  client.close();
}
```

在上面的代码中，创建了一个 client 实例，用于连接复用。首先发起了一次 post 请求。之后又发起了一次 get 请求。最后在 finally 中通过 client 的 close 方法关闭链接。需要注意的是，当选择复用连接时，需要在不再使用时对连接进行关闭释放操作。

▶▶ 8.1.2 GitHub API 介绍

GitHub（https://github.com/）是全球最大的代码托管网站，也是全球最大的开源社区。在 GitHub 上包含大量的优秀开源项目与学习资源，这其中也包含了 Flutter。Flutter 项目本身也托管在 GitHub 上，同时 Flutter 社区中流行的第三方库绝大多数也托管在 GitHub 上。任何人都可以免费注册使用并参与其中。

作为一个工程师氛围浓厚的社区，GitHub 网站本身的开发技术也非常先进。其中非常难得的是，GitHub 对外提供了一套质量极高，且可供免费使用的开放 API。目前众多的互联网服务中，并不是每个网站都提供开放 API，能够免费向个人提供的凤毛麟角，因此非常难得。

在学习客户端网络开发时，需要有一个配套后端系统供前端调用。但是自己开发一套后端系统是比较复杂的，同时也会分散前端学习的精力。因此，在入门客户端网络开发时，最好找一个网络上公开的 API，这样就可以把精力聚焦在前端开发上。GitHub 便成了不二选择，这也是目前很多初学者，都会选择写一个 GitHub 客户端练手的原因。

GitHub 开发 API 的质量非常高，其技术在业界处于领先水平。GitHub API 不论是在接口定义的规范性，还是在技术的领先性上，都是非常优秀的。

GitHub API 提供了多种协议支持，比如 GraphQL 和 RESTful。在本章主要学习 GitHub REST API 接口，文档位于 https://docs.github.com/en/free-pro-team@ latest/rest。

在 GitHub REST API 文档中下设多个模块，比如 Activity 模块可以查看 GitHub 上发生的一些活动，可以查看某个用户最新的动态，甚至可以查看整个 GitHub 上正在发生哪些事情；Users 模块为用户模块，可以查看 GitHub 上的用户列表，或者查看某一个用户的信息，也可以执行一些用户操作，比如关注某个用户；Projects 模块为项目模块，可以查看某个项目信息，也可以执行项目创建等操作。

GitHub REST API 提供的模块与接口非常丰富，在本章的实战项目中将使用其中的一部分接口。但 GitHub REST API 提供的能力要更加强大，感兴趣的读者可以深入阅读官方文档并进行试验。

▶▶ 8.1.3 使用 json_annotation 实现高效序列化

在前几章实战中均使用了 JSON 序列化，学习了手动进行 JSON 序列化和反序列化的方式。但是当项目变复杂之后，包含大量的状态 Model 与请求 Entity，同时也会出现嵌套情况，如一个 Entity 的某个属性为子 Entity。手动编写的方式会变得烦琐，并且难以维护。在这种情况下，需要使用 Flutter JSON 序列化库来帮助简化实现，json_annotation 就是目前 Flutter 社区中比较常用的选择。

❶ 导入 **json_serializable** 依赖

json_serializable 序列化库的首页位于 https://pub.dev/packages/json_serializable，它的依赖添加方式略有不同，在 pubspec.yaml 中添加以下代码：

```
dependencies:
  json_annotation: ^2.0.0

dev_dependencies:
  build_runner: ^1.0.0
  json_serializable: ^2.0.0
```

在上面的代码中，在 dependencies 节中添加了 json_annotation 依赖，同时在 dev_dependencies 开发依赖中添加了 build_runner 和 json_serializable 依赖。

dev_dependencies 中声明的依赖仅用于开发阶段，并不会被打进最终的包中。加入 dev_dependencies 是因为 json_serializable 使用了代码生成技术，开发者在定义 JSON 序列化类时，只需要添加相关的注解，之后通过运行代码构建命令，json_serializable 会扫描代码注解生成对应的实现代码，从而减轻了开发者的工作量。

❷ 创建序列化类

假设有一个类为 Person，需要进行 JSON 序列化与反序列化，使用 json_serializable 后，类的实现方法如下（假设 Person 定义在 example.dart 文件中）：

```
import 'package:json_annotation/json_annotation.dart';

part 'example.g.dart';

@JsonSerializable(nullable: false)
class Person {
  final String firstName;
  final String lastName;
  final DateTime dateOfBirth;
  Person({this.firstName, this.lastName, this.dateOfBirth});
  factory Person.fromJson(Map<String, dynamic> json)
      => _$PersonFromJson(json);
  Map<String, dynamic> toJson() => _$PersonToJson(this);
}
```

当实际编写上面这段代码时，会发现有许多地方报错提示找不到。首先 example.g.dart 文件找不到，同时_$PersonFromJson 和_$PersonToJson 也提示找不到，这是怎么回事？

其实，这些找不到的内容就是需要 json_serializable 后续自动生成的部分。使用@ JsonSerializable 注解标注的类，json_serializable 会创建一个与其文件同名的.g.dart 后缀文件，并在这个生成的文件中实现_$PersonFromJson 和_$PersonToJson 方法，它们分别为具体的 JSON 序列化与反序列化方法。

❸ 执行代码构建

在项目根目录下执行下列指令进行代码构建：

```
flutter packages pub run build_runner watch
```

命令完成后，会发现 example.g.dart 文件被自动创建出来。其具体内容如下：

```
part of 'example.dart';

Person _$PersonFromJson(Map<String, dynamic> json) {
  return Person(
    firstName: json['firstName'] as String,
```

```
    lastName: json['lastName'] as String,
    dateOfBirth: DateTime.parse(json['dateOfBirth'] as String),
  );
}

Map<String, dynamic> _$PersonToJson(Person instance)
    => <String, dynamic>{
  'firstName': instance.firstName,
  'lastName': instance.lastName,
  'dateOfBirth': instance.dateOfBirth.toIso8601String(),
};
```

需要注意的是，开发者不能手动修改.g.dart 后缀的文件，因为这是由命令自动生成的。假设手动修改了，下次在执行手动构建时自动生成的代码会再次覆盖手动修改的代码。

同时，每次修改实体类之后，都需要确保执行构建命令进行重新构建。否则类是新的，但解析代码还是旧的，会导致出现问题。

关于本节提到的文件找不到、自动生成等，读者可能无法理解，这些需要动手实践一次就明白了，因此在本小节中，对 json_serializable 的整体流程有一个基本认识即可。在本章的实战项目中包含了详细的 json_serializable 使用方法，到时会手把手带领读者学习如何使用 json_serializable 开发复杂项目。

▶▶ 8.1.4 Flutter 集成 WebView 实现网页浏览

在第 1 章中介绍过，网页作为一种高度动态化的跨端技术，广泛应用于移动应用中，尤其是变动比较频繁的页面，比如运营活动页，通常会采用网页实现，并在原生应用中通过 WebView 进行展示。

在 Flutter 中也有同样的需求，因此在 Flutter 中使用 WebView 也是非常普遍的。Flutter 官方提供了 WebView 组件，以扩展库的形式提供，插件名称为 webview_flutter，首页地址为 https://pub.dev/packages/webview_flutter。

webview_flutter 的实现原理是将原生的 WebView 组件通过 Flutter 的 Platform View 机制导出到 Flutter 侧。Platform View 是一种对原生视图进行包装，以组件的形式导出到 Flutter 的机制。因此，Flutter 的 WebView 实际上还是系统原生的 WebView，即在 Android 下为 WebView，在 iOS 下为 WKWebView。

Flutter WebView 的使用是非常简单的，像使用普通组件一样。例如，展示指定网页的代码实现如下：

```
import 'dart:io';

import 'package:webview_flutter/webview_flutter.dart';
```

```
class WebViewExample extends StatefulWidget {
  @override
  WebViewExampleState createState() => WebViewExampleState();
}

class WebViewExampleState extends State<WebViewExample> {

  @override
  Widget build(BuildContext context) {
    return WebView(
      initialUrl: 'https://flutter.dev',
    );
  }
}
```

在上面的代码中，创建了一个 WebView，并指定 initialUrl 属性作为跳转地址。

▶▶ 8.1.5 技术头条的业务流程

技术头条应用的主要特色是获取 GitHub 上的最新开源动态，帮助用户第一时间了解到最新、最热的技术。应用整体可分为首页 Feed 流、公共活动 Feed 流、GitHub Trending 页、用户页、项目列表页、项目详情页。这些页面均采用业界流行的 Feed 流、长列表展现形式，尤其在首页中还包括吸顶搜索条、金刚位等业界流行的视觉效果，下面分别进行介绍。

❶ 首页 Feed 流原型

首页 Feed 流用于展示关注用户的动态，能够看到关注用户的收藏项目和开发动态。这也是作者最常用的信息获取渠道之一，能够了解到志同道合的朋友们在做什么，以开阔眼界。首页的功能除了信息展示外，还承载了向各个二级页面跳转的能力。这里采用了业界比较流行的金刚位设计，页面的顶部包含一个可吸顶的搜索栏，方便用户随时都能进行搜索。搜索栏下面是九宫格页面导航，用于跳转到各个二级子页面。九宫格下面才是关注用户动态的信息列表，可以实现无限加载。首页 Feed 流的原型图如图 8-1 所示。

❷ 公共活动 Feed 流原型

从首页图 8-1 中的 Public 按钮可进入公共活动 Feed 流。公共事件页中展示了整个 GitHub 上正在进行的活动。由于 GitHub 社区非常庞大，每分钟都有大量活动发生，因此每次进入 Public Events 所看到的内容都是不同的。这种未知的神秘感也非常有趣，有点像现在流行的 "盲盒"。Public Events 包含了各个领域中的开源项目，能够极大地扩展技术视野。这个页面也是一个无限加载的列表，结构比首页简单，同时首页中的信息列表项可以直接复用过来。公共活动 Feed 流的页面原型图如图 8-2 所示。

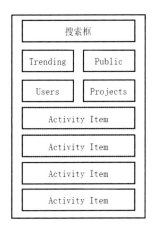

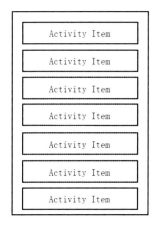

- 图 8-1 技术头条首页 Feed 流原型图   - 图 8-2 技术头条公共活动 Feed 流原型图

③ **GitHub Trending 页原型**

GitHub Trending 是 GitHub 的一项热门功能，能够展示出当下最热门的开源项目。这些项目得到了来自全球开发者的认可，项目质量非常高，技术也十分新颖，因此具备极高的学习和使用价值。技术头条应用也设立了 GitHub Trending 板块，使用长列表对项目进行展示。GitHub Trending 列表也使用 Feed 流进行展示，但列表项的设计与前面两个活动页不同，对列表项组件进行了重新设计，重点突出项目名称、描述，以及项目的 star 标星数，这三个信息能够帮助用户快速建立对项目的第一印象。GitHub Trending 的页面原型图如图 8-3 所示。

- 图 8-3 技术头条 GitHub Trending 原型图

8.2 基于 http 库实现网络层

在前面的小节中曾提到，GitHub 提供了大量 API 接口，本节基于 Flutter 的 http 网络库完成对这些接口的客户端封装，实现网络层的开发。

在网络层中，包含一个核心类 GitHub 类，它负责调用网络库发送 HTTP 请求，GitHub 本身是一个通用类。基于 GitHub 类创建了一系列服务类，在服务类中包含具体接口，每个接口与 GitHub 的 API 对应，通过调用 GitHub 通用能力实现通信。

在本章项目实战中，基于 Flutter 的 http 库实现了对 GitHub API 的封装。这部分封装的代码参照了 SpinlockLabs/github.dart 开源库，项目首页的地址为 https://github.com/SpinlockLabs/github.dart，并在其基础上进行了精简。精简后只保留 HTTP 通信的最核心部分，降低了学习难度，方便读者进行快速学习。

SpinlockLabs/github.dart 完成了对 GitHub API 的完整封装实现，包含很多进阶 API 封装细节，学习价值非常高。建议读者在完成本节的网络层后，对这个库进行进一步学习，并动手实现从精简版本向完整功能的过渡，能够获取到很多高级开发知识。

▶▶ 8.2.1　基于 json_annotation 创建 Model 类

GitHub API 接口通过 JSON 传递数据，首先需要创建相应的 Model 类。由于涉及的 Model 众多，前几章中采用手动写 fromJson、toJson 的方式过于烦琐，因此使用 json_annotation 库，它可以通过代码生成的方式自动生成这些代码，开发者只需要关注字段的定义即可。

① 实现 User Model

在项目根目录下创建 model 包，所有 Model 都放在这个包下。首先创建 model/User.dart，其中包含 User Model，它表示一个 GitHub 用户，具体代码如下：

```dart
import 'package:json_annotation/json_annotation.dart';
part 'User.g.dart';

@JsonSerializable(fieldRename: FieldRename.snake)
class User {
  String login;
  int id;
  String avatarUrl;
  String htmlUrl;
  String name;
  String company;
  String blog;
  String location;
  String email;

  @JsonKey(name: 'followers')
  int followersCount;

  @JsonKey(name: 'following')
  int followingCount;

  User(
    this.login,
```

```
        this.id,
        this.avatarUrl,
        this.htmlUrl,
        this.name,
        this.company,
        this.blog,
        this.location,
        this.email,
        this.followersCount,
        this.followingCount);

    factory User.fromJson(Map<String, dynamic> input) =>
        _$UserFromJson(input);
    Map<String, dynamic> toJson() => _$UserToJson(this);
    }
```

在上面的代码中有几点需要格外注意。首先 part 'User.g.dart'；这一句需要手动输入，User.g.dart 是 json_annotation 后续自动生成的文件，其命名的规则是在中间添加.g.，表示代码生成文件。

User 类上添加了一个 JsonSerializable 注解，注解的作用是 json_annotation 在代码生成时会扫描所有代码，寻找用这个注解标注的类，如果标注了，表示需要进行序列化代码生成。

在 JsonSerializable 注解中还传入了参数 fieldRename：FieldRename.snake，它的作用是对 Model 属性的命名规范与 JSON 中属性的命名规范进行转换。在 Model 中的属性采用了驼峰命名（又称 Pascal 命名）法，符合 Dart 语言规范，而在 GitHub API 中实际采用的是下画线命名（标准叫法为 snake 命名）。指定 fieldRename 后，比如 Model 中的 avatarUrl 属性，在 JSON 会是 avatar_url，而 GtiHub API 接口返回的 avatar_url，json_annotation 也会自动映射到 Model 的 avatarUrl，实现了在不同语言下都可以遵循各自的命名规范。

可以看到还有的属性采用 JsonKey 注解进行标注，这个注解的作用是对不同名的属性进行映射。比如 Model 的 followersCount 属性，在 GtiHub API 接口返回的 JSON 中并没有 followersCount，而是有 followers，可开发者认为 followersCount 比 followers 的命名更加有说明意义，此时就可以通过 JsonKey 注解进行映射。

最后是一个工厂方法 User.fromJson 和一个序列化方法 toJson，其中_$UserFromJson 和_$UserToJson看起来有些奇怪，IDE 也会标红找不到引用，其实这些都是后续 json_annotation 生成的代码，完成生成后引用即可自动补全，这部分的写法都是固定的，照此格式编写即可。

❷ 实现 Repository Model

继续创建 model/Repo.dart，其中包含 Repository Model，表示 GitHub 代码仓库。同时还包含 UserInformation Model，它是 Repository 中的嵌套数据结构，表示与仓库相关的作者用户信息。

Model 的编写方法与上一小节相同，直接给出具体代码如下：

```
import 'package:json_annotation/json_annotation.dart';
part 'Repo.g.dart';

@JsonSerializable(fieldRename: FieldRename.snake)
class Repository {
  final String name;
  final int id;
  final String fullName;
  final UserInformation owner;
  final bool private;
  final bool fork;
  final String url;
  final String description;
  final String cloneUrl;
  final String sshUrl;
  final String gitUrl;
  final String homepage;
  final int size;

  @JsonKey(name: 'stargazers_count')
  final int stargazersCount;

  @JsonKey(name: 'watchers_count')
  final int watchersCount;

  final String language;
  @JsonKey(name: 'forks_count')
  final int forksCount;

  @JsonKey(name: 'subscribers_count')
  final int subscribersCount;

  Repository(
      this.name,
      this.id,
      this.fullName,
      this.owner,
      this.private,
      this.fork,
      this.url,
      this.description,
      this.cloneUrl,
```

```
            this.sshUrl,
            this.gitUrl,
            this.homepage,
            this.size,
            this.stargazersCount,
            this.watchersCount,
            this.language,
            this.forksCount,
            this.subscribersCount);

    factory Repository.fromJson(Map<String, dynamic> input) =>
        _$RepositoryFromJson(input);
    Map<String, dynamic> toJson() => _$RepositoryToJson(this);

    @override
    String toString() => '${owner.login}/$name';
}
@JsonSerializable(fieldRename: FieldRename.snake)
class UserInformation {
    final String login;
    final int id;
    final String avatarUrl;
    final String htmlUrl;

    UserInformation(
        this.login,
        this.id,
        this.avatarUrl,
        this.htmlUrl);

    factory UserInformation.fromJson(Map<String, dynamic> input) =>
        _$UserInformationFromJson(input);

    Map<String, dynamic> toJson() => _$UserInformationToJson(this);
}
```

❸ 实现 Event Model

在技术头条中将会调用 GitHub API 中的 Activity 活动接口，通过这一类接口能够获取到关注者，甚至整个 GitHub 上正在发生的事件。Activity 活动类别接口所使用的数据结构为 Event。

继续创建 model/Activity.dart，其中包含 Event Model，Event 中还包含对 User Model 的嵌套引用，具体实现代码如下：

```
import 'package:json_annotation/json_annotation.dart';
import 'package:tech_news/model/Repo.dart';
import 'package:tech_news/model/User.dart';

part 'Activity.g.dart';

@JsonSerializable()
class Event {
  String id;
  String type;
  Repository repo;
  User actor;
  Map<String, dynamic> payload;

  Event(this.id, this.type, this.repo, this.actor, this.payload);

  factory Event.fromJson(Map<String, dynamic> input) =>
      _$EventFromJson(input);
  Map<String, dynamic> toJson() => _$EventToJson(this);
}
```

❹ 使用 **json_annotation** 自动生成序列化代码

至此完成了技术头条的 Model 部分代码编写，接下来需要使用 json_annotation 进行序列化代码生成。在项目根目录下执行下面的命令：

```
flutter packages pub run build_runner watch
```

可以看到 model 目录下自动生成了 .g.dart 文件。以 Activity.g.dart 为例，自动生成的代码内容如下：

```
// GENERATED CODE - DO NOT MODIFY BY HAND

part of 'Activity.dart';

// **********************
// JsonSerializableGenerator
// **********************

Event _$EventFromJson(Map<String, dynamic> json) {
  return Event(
    json['id'] as String,
    json['type'] as String,
    json['repo'] == null
        ? null
```

```
        : Repository.fromJson(json['repo'] as Map<String, dynamic>),
    json['actor'] == null
        ? null
        : User.fromJson(json['actor'] as Map<String, dynamic>),
    json['payload'] as Map<String, dynamic>,
  );
}

Map<String, dynamic> _$EventToJson(Event instance) => <String, dynamic>{
    'id': instance.id,
    'type': instance.type,
    'repo': instance.repo,
    'actor': instance.actor,
    'payload': instance.payload,
  };
```

需要注意的是，不应当手动编辑 .g.dart 文件，如果需要调整 Model 字段，则首先对 Model 的字段进行更改，之后再次运行代码生成指令，让 json_annotation 重新生成相关代码即可。

▶▶ 8.2.2 基于 http 库实现 GitHub 网络访问类

GitHub 类是网络请求的底层实现类，内部基于 http 库实现与 GitHub API 进行通信。在项目根目录下建立 net 包，与网络请求相关的代码都放在这个包下。创建 net/GitHub.dart 作为代码文件。

GitHub 类包含两个成员，一个是 token 字符串，它是从 GitHub 个人账号中创建的，作为用户的标识，可以在登录 GitHub 网站后，从用户设置页面中创建。第 2 个成员是 HTTP Client，这是 http 库中提供的用于发送 HTTP 请求的操作类。在类外还定义了两个常量，分别为 GitHub API 地址和请求时的 mineType，构造部分的代码如下：

```
const API = "https://api.github.com";
const V3_API_MINE_TYPE = 'application/vnd.github.v3+json';

class GitHub {
  final String token;
  final http.Client client = http.Client();

  GitHub(this.token);
}
```

在 GitHub 类中包含一个核心方法 request，用于发送 HTTP 请求。request 方法接收的必选参数包括：method HTTP 请求方法，值为 GET 或 POST；path 表示 API 对应路径。可选参数包括：params GET 请求参数、body POST 请求体。具体代码如下：

```
Future<http.Response> request(
  String method,
  String path, {
  Map<String, dynamic> params,
  dynamic body,
}) async {
  var headers = {"Authorization": "token ${token}"};

  var queryString = '';
  if (params != null) {
    queryString = _buildQueryString(params);
  }

  final url = API + path + queryString;

  final request = http.Request(method, Uri.parse(url));
  request.headers.addAll(headers);
  if (body != null) {
    if (body is List<int>) {
      request.bodyBytes = body;
    } else {
      request.body = body.toString();
    }
  }

  final streamResponse = await client.send(request);
  final response = await http.Response.fromStream(streamResponse);

  return response;
}
```

在上面的代码中，首先创建 headers Map 存放 HTTP 请求头，其中包含账号 token。之后如果 GET 参数 params 不为空，则通过_buildQueryString 方法将 params Map 转为 GET 参数字符串，_buildQueryString 方法代码将在下文中给出。之后根据 API、请求路径再加上 GET 参数拼成最终的请求路径 url。

http 的使用方式是先创建一个请求 Request，之后通过调用 Client 的 send 方法发出这个请求。Request 创建时需传入请求方法 method，以及 url 路径。拿到 Request 实例后，则向其添加 HTTP 头和请求体 body。需要注意的是，body 支持二进制和字符串两种格式，通过 body 是否是 List<int> 类型判断其是否为二进制格式。

Request 创建完成后，通过 client 的 send 方法发出请求。需要注意的是，send 是一个异步方法，因此 request 也是一个 async 异步方法，并在调用 send 时通过 await 异步转同步。send 方法完成后，获取到请求的返回结果 response 并进行返回。

_buildQueryString 方法将 GET 请求参数 Map 格式化为 GET 参数字符串，具体实现代码如下：

```
String _buildQueryString(Map<String, dynamic> params) {
  final queryString = StringBuffer();

  if (params.isNotEmpty
      && ! params.values.every((value) => value == null)) {
    queryString.write('?');
  }

  var i = 0;
  for (final key in params.keys) {
    i++;
    if (params[key] == null) {
      continue;
    }
    queryString.write(
        '$key= ${Uri.encodeComponent(params[key].toString())}');
    if (i != params.keys.length) {
      queryString.write('&');
    }
  }
  return queryString.toString();
}
```

在 GitHub 类还要创建一个 dispose 方法，用于释放 client 连接，具体代码如下：

```
void dispose() {
  client.close();
}
```

至此，GitHub 网络访问类开发完成了，GitHub API 接口最终都将通过 GitHub 类进行请求。

有一点需要强调的是，在后续小节中将会以服务的形式实现多个 GitHub API 接口，但它们使用的都是同一个 GitHub 类实例，具体来说都是同一个 http.Client 实例。之所以复用同一个 http.Client，是因为对于同一个服务器，如果每次请求都创建一个新的 http.Client，则每次都要重新建立连接。如果复用 http.Client，能够保持一条持久的链接，节省了每次建立连接的时间开销。

▶▶ 8.2.3　基于 Service 模式搭建网络层

完成 GitHub 底层请求类，接下来进行对 GitHub API 的封装。在这里设计了一种基于 Serv-

254 .

ice 基类的架构模式，GitHub API 根据不同的类别划分为不同的 Service，在每个 Service 中定义
具体接口。

❶ 创建 Service 抽象基类

创建 net/Service.dart，定义 Service 抽象基类，它包含一个 GitHub 成员，以及对应的构造方
法，具体代码如下：

```
abstract class Service {
  final GitHub gitHub;

  const Service(this.gitHub);
}
```

❷ 创建 ActivityService 活动接口

GitHub API 的 Activity 类别包含了用户相关活动，是获取技术动态非常好的渠道。创建
net/ActivityService.dart，其中包含两个 API，分别是 listPublicEvents 列举整个 GitHub 上的最新动
态，以及 listPersonalEvents 列举用户自己关注的账号的动态。具体代码实现如下：

```
import 'dart:convert';

import 'package:tech_news/model/Activity.dart';
import 'package:tech_news/net/GitHub.dart';
import 'package:http/http.dart' as http;

import 'Service.dart';

class ActivityService extends Service {
  ActivityService(GitHub gitHub) : super(gitHub);

  Future<List<Event>> listPublicEvents(int page, int perPage) async {
    http.Response response = await gitHub.request(
        "GET",
        "/events",
        params: {'page': page, 'per_page': perPage});

    final json = jsonDecode(response.body) as List;
    return json.map((e) => Event.fromJson(e)).toList();
  }

  Future<List<Event>> listPersonalEvents(
      String login, int page, int perPage) async {
    http.Response response = await gitHub.request(
        "GET",
```

```
        "/users/${login}/received_events",
        params: {'page': page, 'per_page': perPage});

    final json = jsonDecode(response.body) as List;
    return json.map((e) => Event.fromJson(e)).toList();
  }
}
```

在上面的代码中，ActivityService 继承自 Service，因此构造函数继承自父类，接收一个 GitHub 实例。listPublicEvents 和 listPersonalEvents 均为异步方法，返回 List <Event> 的 Future 类型，Event 为在前面小节中定义的数据 Model。

在两个方法中，调用了 GitHub 的 request 方法，分别传入不同的 API 路径及 GET 参数。GET 参数主要是分页参数，page 表示当前是第几页，per_page 表示每一页包含多少条数据，后端根据这两个参数进行数据查询。request 方法返回 Response 类型，其 body 包含了服务器返回的 JSON 数据，因此通过 jsonDecode 先转为 Dart 数据类型，之后再通过 Event.fromJson 方法转为 Event Model 类型的数据结构。

❸ 创建 GitHubServices 网络层统一封装类

各种 Service 需要有一个统一的封装类，作为网络层统一的能力提供。创建 net/GitHubServices.dart，GitHubServices 内部持有一系列静态成员，包括 GitHub 实例_gitHub，以及各个 Service 实例，同时提供一个 init 静态方法对网络层进行初始化。具体代码如下：

```
class GitHubServices {
  static GitHub  _gitHub;

  static ActivityService activityService;

  static void init(GitHub gitHub) {
    _gitHub = gitHub;
    activityService = ActivityService(_gitHub);
  }
}
```

在 main.dart 中对网络层进行初始化，修改 main 方法，首先创建一个 GitHub 实例，之后调用 GitHubServices.init 完成网络层初始化，具体实现代码如下：

```
void main() {
  final github = GitHub("填入 Token");
  GitHubServices.init(github);
  runApp(MyApp());
}
```

这样便完成了网络层部分的开发。之后在整个应用中，如果需要访问 GitHub API，则调用 GitHubServices 获取对应的 Service，再调用对应接口即可。

8.3 创建首页活动 Feed 流

网络层开发完成后，应用已经具备了数据获取的能力，但此时的数据还是数据 Model 的形式，需要通过后续章节的 UI 开发，将其变为丰富、美观的可视元素，将信息传递给用户。

在技术头条产品设计中，首页以 Feed 流形式进行内容呈现，最顶部为一个可吸顶的搜索框，搜索框之下为功能分类九宫格，实现到更多功能的入口跳转，之后为一个 Feed 流，展示用户所关注账号的活动动态。这是目前业界比较流行的一种首页布局方式，通过 Flutter 提供的强大组件能力可以很方便地进行实现。

首先创建首页页面，在项目根目录下创建 page 包，并创建 page/PageHomeFeed.dart，在其中创建一个名为 PageHomeFeed 的 StatefulWidget 空页面。

修改 main.dart 的 MyApp，将 home 页指向 PageHomeFeed，具体代码如下：

```
class MyApp extends StatelessWidget {
  @override
  Widget build(BuildContext context) {
    return MaterialApp(
      title: '技术头条',
      theme: ThemeData(
        primarySwatch: Colors.blue,
        visualDensity: VisualDensity.adaptivePlatformDensity,
      ),
      home: PageHomeFeed(),
    );
  }
}
```

▶▶ 8.3.1 基于 CustomScrollView 搭建首页 Feed 流布局

首页 Feed 流是一个复合视图类型的长列表，通过 ListView 无法满足。这里使用 Flutter 提供的 CustomScrollView 组件，能够实现更加复杂的长列表效果。它基于 Flutter 的 Slivers 机制，Slivers 表示一部分可滚动区域，在 Flutter 中，所有可滚动的视图都使用了 Slivers 机制，包括 ListView。CustomScrollView 支持通过直接添加 Slivers 创建多样的滚动视图，首页 Feed 流中的各种视图元素均对应于不同的 Sliver。

来到 page/PageHomeFeed.dart，搭建首页 Feed 流的整体布局，核心组件为 CustomScrollView 滚动视图，在其外部包裹了一个 NotificationListener，通过 NotificationListener 能够获取到列表的滚动事件，并指定滚动回调函数_onScrollEvent，用于触发底部加载。具体代码实现如下：

```
class PageHomeFeed extends StatefulWidget {
  @override
  _PageHomeFeedState createState() => _PageHomeFeedState();
}

class _PageHomeFeedState extends State<PageHomeFeed> {
  bool _onScrollEvent(ScrollNotification scrollNotification) {
    return false;
  }

  @override
  Widget build(BuildContext context) {
    return Scaffold(
      body: SafeArea(
        child: NotificationListener<ScrollNotification>(
          onNotification: _onScrollEvent,
          child: CustomScrollView(
            slivers: [
              //待添加视图元素
            ],
          ),
        ),
      ),
    );
  }
}
```

▶▶ 8.3.2　通过 SliverPersistentHeader 实现吸顶搜索组件

整体布局搭建完成后，接下来按照从上到下的顺序进行开发，首先是顶部的底层搜索组件，通过这一组件，用户可以对感兴趣的关键字实现快速搜索。从交互角度，搜索组件为吸顶效果，当用户下滑列表时搜索组件始终位于屏幕顶部，而不会划出屏幕，保证用户随时都能进行操作。

通过 SliverPersistentHeader 组件可以实现上述效果，SliverPersistentHeader 是一种 Sliver，表示列表中的一块可滚动区域，其特点是这个区域的高度可随着滚动发生变化，同时可以实现列表吸顶效果。

SliverPersistentHeader 组件在使用时需要向其传入一个 SliverPersistentHeaderDelegate，在 del-

egate 中进行具体视图的创建与配置。

在项目根目录中创建 component 包，在此目录下存放应用自定义组件。创建 component/SearchBar.dart，作为搜索组件的代码文件。接下来在此文件中，首先创建搜索栏的视图组件 SearchBar，之后创建对应的 SliverPersistentHeaderDelegate，在 delegate 的 build 方法中构造 SearchBar，之后再回到首页中添加 SliverPersistentHeader 组件。

首先在 component/SearchBar.dart 创建 SearchBar 无状态组件，这是一个简单的 Container 嵌套 TextField 的布局，不同之处是，这里为了美观因素使用了 Cupertino 组件库中 iOS 风格的输入框组件 CupertinoTextField。具体实现代码如下：

```
class SearchBar extends StatelessWidget {
  @override
  Widget build(BuildContext context) {
    return Padding(
        padding: EdgeInsets.all(10),
        child: Container(
          height: 40,
          child: CupertinoTextField(
            prefix: Padding(
              padding: EdgeInsets.fromLTRB(9, 6, 9, 6),
              child: Icon(Icons.search, color: Colors.grey),
            ),
          ),
        ));
  }
}
```

在 component/SearchBar.dart 中继续实现 SearchBarDelegate，它继承自 SliverPersistentHeaderDelegate。SliverPersistentHeaderDelegate 是一个抽象类，需要覆写 3 个方法，分别是 maxExtent、minExtent 和 shouldRebuild。

对于 maxExtent 与 minExtent，SliverPersistentHeader 支持视图随着列表滚动进行收缩与展开，当列表向上滚动时 SliverPersistentHeader 中的视图同时进行收缩，当列表向下滚动时则同时进行展开。minExtent 决定了 SliverPersistentHeader 中的视图向上收缩时的最小高度，minExtent 则决定了向下滚动时的最大高度。如果两个值设置为相同，则 SliverPersistentHeader 中的视图高度不随列表滚动变化。shouldRebuild 则决定了当 Delegates 变化时是否触发重建。

SearchBarDelegate 具体代码实现如下：

```
class SearchBarDelegate extends SliverPersistentHeaderDelegate {
  @override
  Widget build(
      BuildContext context,
```

```
          double shrinkOffset,
          bool overlapsContent) {
        return SearchBar();
      }

      @override
      double get maxExtent => 60;

      @override
      double get minExtent => 60;

      @override
      bool shouldRebuild(
          covariant SliverPersistentHeaderDelegate oldDelegate) {
        return false;
      }
    }
```

接下来回到 page/PageHomeFeed.dart，向 CustomScrollView 中添加 SliverPersistentHeader 组件，修改 _PageHomeFeedState 的 build 方法，向 SliverPersistentHeader 的 delegate 属性中传入 SearchBarDelegate，同时设置 pinned 为 true，表示吸顶。具体代码实现如下：

```
    @override
    Widget build(BuildContext context) {
      return Scaffold(
        body: SafeArea(
          child: NotificationListener<ScrollNotification>(
            onNotification: _onScrollEvent,
            child: CustomScrollView(
              slivers: [
                SliverPersistentHeader(
                  pinned: true,
                  delegate: SearchBarDelegate(),
                ),
              ],
            ),
          ),
        ),
      );
    }
```

运行代码，效果如图 8-4 所示，Feed 流还只有搜索组件，看不出吸顶效果，待后续小节中添加更多视图元素后，就能观察到效果了。

● 图 8-4 首页 Feed 流搜索组件

▶▶ 8.3.3 通过 SliverGrid 实现九宫格导航

搜索组件下方为九宫格导航组件，为用户提供跳转二级页不同功能的入口，这也是目前比较典型的一种布局方式。

在 Slivers 机制中，SliverGrid 用于按照主轴方向二维网格方式排列多个子元素。需要向 SliverGrid 中传入 delegate，负责具体的视图创建，在这里可以传入两种 delegate，分别为 SliverChildListDelegate 和 SliverChildBuilderDelegate，前者一次性传入视图元素，而后者通过 builder 方法可以实现视图元素懒加载，即只有当视图元素将要进入屏幕时再进行创建，因此具备更高的效率。由于视图元素比较简单，在这里直接使用 SliverChildListDelegate 即可。

除了 delegate 属性外，SliverGrid 还需要传入 gridDelegate 属性，用于配置子元素的摆放规则，在这里使用 SliverGridDelegateWithFixedCrossAxisCount，并使用到它的 crossAxisCount 和 childAspectRatio 两个属性，分别用于控制每行摆放几个元素，以及每个元素的宽高比例。

下面进行九宫格的代码实现，首先创建一个视图 Model 类 GridItem，用于描述九宫格元素的属性，之后创建九宫格单个元素的视图组件 GridCategory，最后创建 GridItem 列表，并将列表通过 map 方法映射为 GridCategory 列表传入 SliverGrid。

创建 component/GridCategory.dart，首先实现视图 Model 类 GridItem，这个类中包含对九宫格单元素的标题、图标、图标颜色，以及单击回调方法，具体代码实现如下：

```
class GridItem {
  String title;
  IconData icon;
  Function(BuildContext context) getPage;
```

```
    MaterialColor color;

    GridItem(this.title, this.icon, this.color, this.getPage);
}
```

在 component/GridCategory.dart 中继续实现九宫格单元素的视图组件 GridCategory，它是一个无状态组件，从外界传入一个 GridItem 属性。其布局部分为一个简单的 Container 布局，外面嵌套一个 InkWell 单击事件组件，并解析 GridItem 的属性进行视图内容填充。具体代码实现如下：

```
class GridCategory extends StatelessWidget {
  final GridItem _gridItem;

  GridCategory(this._gridItem);

  @override
  Widget build(BuildContext context) {
    return InkWell(
      onTap: () => Navigator
          .of(context)
          .push(MaterialPageRoute(builder: _gridItem.getPage)),
      child: Container(
        decoration: BoxDecoration(
            border: Border.all(width: 0.5, color: Colors.grey[200])
        ),
        child: Column(
          mainAxisAlignment: MainAxisAlignment.center,
          children: [
            Icon(_gridItem.icon, color: _gridItem.color, size: 36,),
            SizedBox(height: 2),
            Text(_gridItem.title, style: TextStyle(fontSize: 12),)
          ],
        ),
      ),
    );
  }
}
```

回到 page/PageHomeFeed.dart，在_PageHomeFeedState 中创建一个 createGrid 方法，用于创建九宫格视图 Model 列表，之后在 build 方法中创建 SliverGrid，并指定 SliverChildListDelegate，在其构造方法中调用 createGrid。具体代码实现如下：

```
class _PageHomeFeedState extends State<PageHomeFeed> {

  List<Widget> createGrid() {
    List<GridItem> grids = [
```

```
        GridItem(
            "GitHub Trends",
            Icons.trending_up,
            Colors.orange,
            (context) => null),
        GridItem(
            "Public Events",
            Icons.timeline_outlined,
            Colors.green,
            (context) => null),
        GridItem(
            "Users",
            Icons.people,
            Colors.pink,
            (context) => null),
        GridItem(
            "Projects",
            Icons.work, Colors.blue,
            (context) => null),
    ];
    return grids.map((e) => GridCategory(e)).toList();
}


bool _onScrollEvent(ScrollNotification scrollNotification) {
    return false;
}


@override
Widget build(BuildContext context) {
    return Scaffold(
        body: SafeArea(
            child: NotificationListener<ScrollNotification>(
                onNotification: _onScrollEvent,
                child: CustomScrollView(
                    slivers: [
                        SliverPersistentHeader(
                            pinned: true,
                            delegate: SearchBarDelegate(),
                        ),
                        SliverGrid(
                            delegate: SliverChildListDelegate(
                                createGrid()
                            ),
                            gridDelegate:
```

```
                    SliverGridDelegateWithFixedCrossAxisCount(
                  crossAxisCount: 2, childAspectRatio: 2)),
            ],
          ),
        ),
      ),
    );
  }
}
```

运行代码，可看到九宫格组件展示到首页上，效果如图 8-5 所示。需要说明的是，此时 GridItem 的单击回调均为空实现，将会在后续小节中进行单击回调路由跳转逻辑补全。

● 图 8-5 首页 Feed 流九宫格组件

▶▶ 8.3.4 通过 SliverList 实现 Feed 流内容展示

在九宫格下方为信息流，这是 Feed 流中最重要的组成部分，在技术头条应用中，这部分将展示用户所关注账号的活动。

这部分功能通过 Slivers 机制中的 SliverList 组件实现，SliverList 与上一节中的 SliverGrid 非常类似，其作用是按照主轴方向，线性排列子元素。它同样需要传入 delegate 属性负责视图创建，同样支持 SliverChildListDelegate 和 SliverChildBuilderDelegate 这两种 delegate，因此在使用方式上与 SliverGrid 也完全一致。

在实现方式上，首先创建单条信息视图组件 CardEvent，它接收 Event Model 并进行解析以填充视图。之后在_PageHomeFeedState 中，创建 List<Event> 类型的状态，用于保存网络请求数据，并在 initState 中发起网络请求。在页面布局上，向 CustomScrollView 添加一个 SliverList，并在其 SliverChildBuilderDelegate 中根据状态创建信息流视图。

创建 component/CardEvent.dart，CardEvent 是一个无状态组件，接收外界传入的 Event。这里直接给出其实现，需要说明的是，单击组件将会跳转到 WebView 页面，在 WebView 中展示项目所对应的 GitHub 页面，这部分跳转逻辑暂时留空，将会在后续 WebView 页面实现小节中进行补全。

CardEvent 具体代码实现如下：

```
class CardEvent extends StatelessWidget {
  final Event event;

  CardEvent(this.event);
  void openProject(BuildContext context) {}

  @override
  Widget build(BuildContext context) {
    return InkWell(
      onTap: () => openProject(context),
      child: Container(
        padding: EdgeInsets.all(12),
        child: Row(
          crossAxisAlignment: CrossAxisAlignment.start,
          children: [
            Container(
              width: 48,
              height: 48,
              decoration: BoxDecoration(
                  shape: BoxShape.circle,
                  image: DecorationImage(
                      fit: BoxFit.fill,
                      image: NetworkImage(event.actor.avatarUrl)
                  )
              ),
            ),
            SizedBox(width: 12),
            Flexible(child: Column(
              crossAxisAlignment: CrossAxisAlignment.start,
              children: [
                Wrap(
                  children: [
                    Text(event.actor.login, style: TextStyle(
                        color: Colors.grey[600]
                    )),
                    SizedBox(width: 12),
                    Text(event.type, style: TextStyle(
```

```
                    color: Colors.grey[600]
                  )),
              ],
            ),
            SizedBox(height: 8),
            Text(event.repo.name, style: TextStyle(
                fontSize: 16,
                color: Colors.blue[900]
            ))
          ],
        ))
      ],
    ),
  ),
);
  }
}
```

来到 page/PageHomeFeed.dart，首先完成状态与数据加载部分逻辑，除了存储 Event 数据的 _events 外，还有_loading 状态用于记录是否已有请求正在进行中，以及_currentPage 记录当前分页页数。loadNextPage 为数据请求方法，在内部调用网络层 GitHubServices 获取 Activity 服务，并调用服务中的 listPersonalEvents 方法，传入指定用户名返回该用户所关注账号的动态。具体代码实现如下：

```
class _PageHomeFeedState extends State<PageHomeFeed> {
  List<Event> _events = [];
  bool _loading = false;
  int _currentPage = 1;

  @override
  void initState() {
    super.initState();
    loadNextPage();
  }

  ...

  void loadNextPage() {
    print("拉取第 ${_currentPage}页");
    GitHubServices.activityService
        .listPersonalEvents("maxiee", _currentPage, 30)
        .then((value) => this.setState(() {
      print("第 ${_currentPage}页数据获取完成");
```

```
            _events.addAll(value);
            _currentPage++;
            _loading = false;
        }));
    }

    ...
}
```

修改 PageHomeFeedState 的 build 方法，在 CustomScrollView 中加入 SliverList，需要注意的是，这里采用了一种为元素添加分割线的技巧，在 childCount 中返回的元素数量并非_events 实际数量_events.length * 2 - 1，并且在 builder 方法中根据 index 的奇偶判断是创建 CardEvent 还是 Divider 分割线。具体代码实现如下：

```
@override
Widget build(BuildContext context) {
    return Scaffold(
        body: SafeArea(
            child: NotificationListener<ScrollNotification>(
                onNotification: _onScrollEvent,
                child: CustomScrollView(
                    slivers: [
                        SliverPersistentHeader(…),
                        SliverGrid(…),
                        SliverList(
                            delegate: SliverChildBuilderDelegate(
                                (BuildContext context, int index) {
                                    final itemIndex = index ~/ 2;
                                    if (index.isEven) {
                                        return CardEvent(_events[itemIndex]);
                                    }
                                    return Divider();
                                },
                                childCount: math.max(0, _events.length * 2 - 1))),
                    ],
                ),
            ),
        ),
    );
}
```

运行代码可看到效果如图 8-6 所示，此时页面的整体效果已经可以感受到，但是目前还只有一页数据，滑动到列表底部后既没有 Loading 提示，也没有加载下一页，这部分内容将在下一节中进行完善。

● 图 8-6 首页 Feed 流信息流展示

▶▶ 8.3.5 接收 ScrollNotification 事件实现加载更多内容

本小节实现首页 Feed 流加载更多功能，主要分为两个部分，首先在 CustomScrollView 的末尾插入一个 Loading 视图组件，用户滚动列表到底部时能够看到，提示用户更多数据正在加载中。同时在滚动事件监听方法_onScrollEvent 中，对列表的滚动位置进行判断，如果滚动到底部则拉取下一页数据。

在 Slivers 机制中，提供 SliverToBoxAdapter 用于在长列表中展示单视图元素，通过它封装一个 CircularProgressIndicator Loading 组件，添加到 CustomScrollView 末尾即可。具体代码实现如下：

```
@override
Widget build(BuildContext context) {
  return Scaffold(
    body: SafeArea(
      child: NotificationListener<ScrollNotification>(
        onNotification: _onScrollEvent,
        child: CustomScrollView(…),
          SliverList(…),
          SliverToBoxAdapter(
            child: Container(
              height: 100,
```

```
            child: Center(
              child: CircularProgressIndicator(),
            ),
          ),
        )
      ],
    ),
  ),
 ),
 );
}
```

再次运行代码，当列表滚动到底部时，可看到动态的 Loading 视图，效果如图 8-7 所示。

加载下一页的实际触发逻辑在滚动回调_onScrollEvent
中，每当列表发生滚动时，都会触发_onScrollEvent，并传
入 ScrollNotification 事件参数。

在 Flutter 中，Notification 是一种重要的机制，用于组
件在 Widget 树中向上发送通知，供父节点中的 Notifica-
tionListener 进行监听。这种从子节点向父节点传递通知的
机制被称为通知冒泡（Notification Bubbling）。ScrollNotifi-
cation 是 Notification 机制中与滚动相关的事件，专门用于
可滚动组件（Scrollable Widget）。

这里主要使用到了 ScrollNotification 的 ScrollMetrics 属
性，其作用是描述可滚动组件的滚动状态。其中使用到了
ScrollMetrics 的属性，包括 extentAfter 用于判断屏幕之外下
方还可以滚动的量；pixels 用于判断当前滚动位置，单位
是逻辑像素（Logical Pixels）；maxScrollExtent 用于判断最
大可滚动量，单位是逻辑像素。

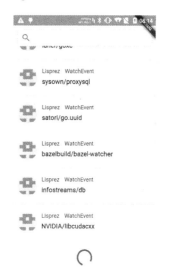

● 图 8-7 首页 Feed 流底部
加载更多 Loading 视图

通过这些属性，可以判断列表是否到达底部，判断条件为屏幕之外下方已经没有滚动量
了，并且当前滚动位置也达到最大滚动量的一个比例阈值，如果满足这一条件，则调用 load-
NextPage 加载下一页。具体代码实现如下：

```
void loadNextPage() {
  print("拉取第 ${_currentPage}页");
  GitHubServices.activityService
    .listPersonalEvents("maxiee", _currentPage, 30)
    .then((value) => this.setState(() {
  print("第 ${_currentPage}页数据获取完成");
```

```
      _events.addAll(value);
      _currentPage++;
      _loading = false;
    }));
  }

  bool _onScrollEvent(ScrollNotification scrollNotification) {
    if (scrollNotification.metrics.extentAfter == 0.0 &&
      scrollNotification.metrics.pixels >=
          scrollNotification.metrics.maxScrollExtent * 0.8) {
      if (_loading) return false;
      setState(() {
        _loading = true;
      });

      loadNextPage();
    }
    return false;
  }
```

再次运行代码，向下滑动列表，即实现了无限加载的 Feed 流，一页页事件动态会源源不断地加载出来。

8.4 创建 GitHub 公共活动 Feed 流

在首页九宫格中，单击 Public Events 按钮将会跳转到 GitHub 公共活动 Feed 流子页，在这个页面中将会展示整个 GitHub 中正在发生的事件。GitHub 是一个非常庞大的社区，每一秒钟都有大量事件发生，因此公共活动 Feed 流每次打开内容都不同。这种未知性也很有趣，常常在不经意间获得意外收获。

公共活动 Feed 流的代码实现思路与首页 Feed 流相同，不同之处在于公共活动 Feed 流是只有一种视图类型，没有首页这么复杂，使用 ListView 即可。因此，本节介绍如何使用 ListView 实现简单信息列表的多页加载。

▶▶ 8.4.1 基于 ListView 公共活动 Feed 流布局

创建 page/PagePublicFeed.dart，首先实现 ListView 整体布局部分。在 PagePublicFeed 中也包含_events、_loading、_currentPage 这三个属性。具体代码实现如下：

```
class PagePublicFeed extends StatefulWidget {
  @override
```

```
  State<StatefulWidget> createState() {
    return _StatePagePublicFeed();
  }
}

class _StatePagePublicFeed extends State<PagePublicFeed> {
  List<Event> _events = [];
  bool _loading = false;
  int _currentPage = 1;

  @override
  Widget build(BuildContext context) {
    return Scaffold(
      appBar: AppBar(
        title: Text("Public Events"),
      ),
      body: ListView.separated(
        itemBuilder: (context, index) {
          return CardEvent(_events[index]);
        },
        itemCount: _events.length,
        separatorBuilder: (context, index) {
          return Divider();
        },
      ),
    );
  }
}
```

公共活动 Feed 流的底部同样包含一个 Loading 组件，用于提示用户下一页数据正在加载。由于这个页面使用 ListView，底部 Loading 组件的添加方式与上一节不同。这里采用的添加方法是，在 itemCount 返回值中返回的数量比数据_events 多一个，多出来的这一个元素即 Loading 组件。具体代码实现如下：

```
  @override
  Widget build(BuildContext context) {
    return Scaffold(
      appBar: AppBar(
        title: Text("Public Events"),
      ),
      body: NotificationListener<ScrollNotification>(
        onNotification: _onScrollEvent,
        child: ListView.separated(
          itemBuilder: (context, index) {
```

```
        if (index == _events.length) {
          return Container(
              height: 100,
              child: Center(
                child: CircularProgressIndicator(),
              )
          );
        }
        return CardEvent(_events[index]);
      },
      itemCount: _events.length + 1,
      separatorBuilder: (context, index) {
        return Divider();
      },
    ),
  ),
);
}
```

▶▶ 8.4.2 通过 listPublicEvents 和 ScrollNotification 加载数据

接下来编写数据加载逻辑，代码逻辑与首页 Feed 流一致，不同之处在于这里调用的 GitHub API 为 listPublicEvents。数据加载逻辑同样是在 initState 中加载第一页数据，并通过 ScrollNotification 监听滑动到底部，并加载下一页数据。具体代码实现如下：

```
@override
void initState() {
  super.initState();
  loadNextPage();
}

void loadNextPage() {
  print("拉取第 ${_currentPage}页");
  GitHubServices.activityService
      .listPublicEvents(_currentPage, 30)
      .then((value) => this.setState(() {
    print("第 ${_currentPage}页数据获取完成");
    _events.addAll(value);
    _currentPage++;
    _loading = false;
  }));
}
```

```
bool _onScrollEvent(ScrollNotification scrollNotification) {
  if (scrollNotification.metrics.extentAfter == 0.0 &&
      scrollNotification.metrics.pixels >=
          scrollNotification.metrics.maxScrollExtent * 0.8) {
    if (_loading) return false;

    setState(() {
      _loading = true;
    });

    loadNextPage();
  }
  return false;
}
```

回到 PageHomeFeed 的 createGrid 方法中，完成 Public Events 项对应的目标页面，具体代码如下：

```
GridItem(
    "Public Events",
    Icons.timeline_outlined,
    Colors.green,
        (context) => PagePublicFeed()),
```

运行代码，进入 Public Events 页，可看到效果如图 8-8 所示。值得一提的是，由于 GitHub 社区非常庞大，每一瞬间都发生大量活动。因此每次进入 Public Events 页所展示的内容都不相同，利用碎片时间查看这些新鲜事，能够极大提升个人的技术视野。

8.5 通过 xpath 爬虫实现 GitHub Trending 页

GitHub Trending 是 GitHub 中的一个频道，用于展示在 GitHub 中当下最流行的项目。这个频道非常有价值，通过它能够获取到最新的高质量的精品开源项目，对于个人学习提高帮助非常大。

不过 GitHub 并没有提供 GitHub Trending 的官方 API，这使得在技术头条应用中集成变得更加困难一些。针对这个问题有两种解决思路，第一种是通过 WebView 直接打开 GitHub Trending 网页，这种方法的优点是实现成本较低，容易开发，缺点是无法以原生的形式展现，使用体验和展示效果都有所下降；第二种是通

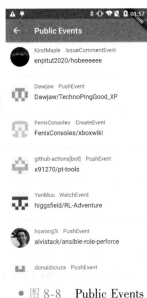

● 图 8-8　Public Events
页效果展示

过爬虫技术，先获取到 GitHub Trending 网页的 HTML 代码，并从中解析出有效数据，再通过原生组件进行展示，这种方法实现成本高一些，优点是保证了展示和体验效果。

对于爬虫技术，在实际工作中的客户端开发很少会用到，因为在实际工作中，会有专门的后端开发工程师为客户端开发 API，提供客户端所需的数据。但爬虫是一种日常生活中非常实用的技术，因为大部分网站都没有提供开放 API，利用爬虫可以实现通过编程获取到网页数据。

创建 page/PageTrending.dart 作为源码文件，首先编写 PageTrending 组件的整体结构：

```
class PageTrending extends StatefulWidget {
  @override
  State<StatefulWidget> createState() {
    return _PageTrendingState();
  }
}

class _PageTrendingState extends State<PageTrending> {
  List<TrendingItem> _projects = [];
  ...
}
```

通过爬虫，将 GitHub Trending 页面 HTML 最终解析为一组数据 Model 的列表，因此先来定义数据 Model 类 TrendingItem，它包含项目名称、项目描述、项目的网址地址，以及项目 Star 数，在后续开发中将会使用到这些字段。在 page/PageTrending.dart 中最外层再定义一个类，具体代码如下：

```
class TrendingItem {
  final String projectName;
  final String description;
  final String url;
  final String stars;

  TrendingItem(
      this.projectName,
      this.description,
      this.url,
      this.stars);
}
```

▶▶ 8.5.1　通过 xpath 解析 GitHub Trending 网页

来到_PageTrendingState 覆写 initState 方法，在这个方法中进行对 GitHub Trending 网页的爬

取。具体爬虫工作原理为，首先调用 http 库获取 GitHub Trending 网页的 HTML 源代码，之后使用 xpath 库对 HTML 源代码进行解析，生成 DOM 树。xpath 是一种快速从 DOM 树中进行检索过滤的语法，而 xpath 库提供的这一语法可以在 Flutter 下实现。

具体 xpath 解析的流程是，首先通过 XPATH_ITEM 中包含的 xpath 语句获取到 GitHub Trending 网页中项目列表每个元素的子 DOM 树的列表，之后遍历这个列表，对每个子 DOM 再通过 XPATH_HREF、XPATH_DESCRIPTION、XPATH_STARS 语句分别解析出项目名称、描述与 Stars 信息。最后根据这些信息构建出 TrendingItem，并将最终的 TrendingItem 列表设置进 _projects 状态中。关于 xpath 的具体语法，感兴趣的读者可以自行学习。

initState 的具体实现如下：

```
const XPATH_ITEM = "//article[@class='Box-row']";
const XPATH_HREF = "//h1[@class='h3 lh-condensed']/a/@href";
const XPATH_DESCRIPTION = "//p[@class='col-9 text-gray my-1 pr-4']//text()";
const XPATH_STARS = "//a[@class='muted-link d-inline-block mr-3']//text()";


class _PageTrendingState extends State<PageTrending> {
  List<TrendingItem> _projects = [];
  @override
  void initState() {
    super.initState();
    Future(() async {
      print("发送请求");
      final response =
          await http.Client().get(
              Uri.parse("https://github.com/trending"));
      if (response.statusCode != 200) {
        return;
      }

      print("解析结果");
      final dom = XPath.source(response.body);

      final items = dom.query(XPATH_ITEM).elements();

      List<TrendingItem> projects = [];
      for (final item in items) {
        final xpathItem = XPath(item);
        final href = xpathItem
            .query(XPATH_HREF)
            .get();
```

```
        final description = xpathItem
            .query(XPATH_DESCRIPTION)
            .get();
        final stars = xpathItem
            .query(XPATH_STARS)
            .get();


    print(href);


    projects.add(
        TrendingItem(
            href.substring(1),
            description,
            "https://github.com ${href}",
            stars));
    }


    print("更新状态");
    setState(() {
      _projects = projects;
    });
  });
  }


  ...


}
```

▶▶ 8.5.2　通过 ListView 对 GitHub Trending 进行展示

数据状态获取完毕之后，接下来是展示部分。对于列表展示，相信读者们已经非常熟悉了，这里采用 ListView 创建一个带 separated 分割的列表，同时使用 ListTile 组件进行列表项展示，具体代码实现如下：

```
void openProject(BuildContext context, url) {
  Navigator.of(context)
      .push(MaterialPageRoute(builder: (context) => PageWeb(url)));
}


@override
Widget build(BuildContext context) {
  return Scaffold(
    body: ListView.separated(
```

```
itemBuilder: (context, index) {
  TrendingItem project = _projects[index];
  return ListTile(
    title: Text(
      project.projectName,
      style: TextStyle(fontSize: 18),
    ),
    subtitle: Text(project.description),
    trailing: Row(
      mainAxisSize: MainAxisSize.min,
      children: [
        Icon(
          Icons.star,
          size: 16,
          color: Colors.yellow[700]),
        Container(
          width: 40,
          child: FittedBox(
            fit: BoxFit.scaleDown,
            child: Text(project.stars),
          ))
      ],
    ),
    onTap: () => openProject(context, project.url),
  );
},
itemCount: _projects.length,
separatorBuilder: (context, index) => Divider()),
);
}
```

在上面的代码中，当单击列表项，路由跳转到 WebView 页面，展示对应的项目首页，单击回调方法为 openProject，关于 WebView 页面的实现将在下一节中进行介绍。

▶▶ 8.5.3　在 createGrid 中完成路由跳转逻辑

Trending 页面开发完成后，同样需要在 PageHomeFeed 的 createGrid 方法中，完成 GitHub Trending 项对应的目标页面跳转，具体代码如下：

```
GridItem(
    "GitHub Trends",
    Icons.trending_up,
    Colors.orange,
    (context) => PageTrending())
```

运行代码，GitHub Trending 页展示效果如图 8-9 所示。

● 图 8-9　GitHub Trending 页效果展示

8.6　基于 webview_flutter 实现 WebView 页面

webview_flutter 库为 Flutter 带来了 WebView 能力，实现了在 Flutter 中进行网页展示。

创建 page/PageWeb.dart 作为 WebView 页面的源码。在 PageWeb 页面中，主要工作是调用 WebView 组件，并将要访问的 URL 传入即可，实现非常简单，具体代码实现如下：

```
class PageWeb extends StatelessWidget {
  final String _url;

  PageWeb(this._url);

  @override
  Widget build(BuildContext context) {
    return Scaffold(
      body: SafeArea(
        child: WebView(
          initialUrl: _url,
        ),
      ),
    );
  }
}
```

运行代码, 在 Feed 流中单击项目, 进入 WebView 页面, 展示效果如图 8-10 所示。

● 图 8-10　WebView 页效果展示

8.7　技术头条应用知识扩展

　　　　　　　　技术头条是一个典型的基于 HTTP 前后端通信形态的产品, 这是在移动
开发中最为普遍的应用形态。在这一项目中, 使用 http 库进行统一网络请求,
使用 json_annotation 进行高效序列化, 使用 webview_flutter 实现在 Flutter 内进
行 WebView 网页展示, 并基于高质量的 GitHub API 服务进行实战演练。

　　在界面开发方面, 介绍了使用 CustomScrollView 结合 Slivers 开发多视图类型的 Feed 流布
局。Feed 流布局是目前移动开发中最为流行的首页布局方式, 也是移动开发中的一个难点。得
益于 Flutter 强大的布局能力, 在 Flutter 中实现 Feed 流效果要比原生开发容易得多。同时还介
绍了如何设置状态实现分页加载, 这在实际工作中也是普遍会用到的。

　　细心的读者可能会发现, 还有几个页面 "漏了" 没有讲, 这并非遗漏, 而是剩下的这些
页面它们的实现原理与本章所讲的页面完全相同, 不同之处仅在于调用的接口不同, 在此不再
赘述, 将其留作思考题。

　　本章开发的技术头条应用在生活中是非常有用处的, 有了它后, 利用碎片时间随时随地都
能打开浏览一番。别小看这一个小举动, 只要坚持下去, 就能比别人发掘更多、更好的项目资
源, 其中有些项目可以帮助自己更好地完成工作, 有些项目则是好的学习资源, 通过进行学习

能够提高自身的编程水平。

最后，按照本书的惯例，给读者布置几道思考题用于巩固提高。

1）首页搜索栏，接收用户输入关键字后跳转到搜索详情页，在详情页中通过关键词调用 GitHub Search API 实现搜索，并对结果进行列表展示。

2）调用 GitHub Users API 实现用户列表页，对 GitHub 中的用户进行列表展示；单击通过 WebView 进入用户首页。

3）调用 GitHub Project API 实现项目列表页，对 GitHub 中的项目进行列表展示，单击通过 WebView 进入用户首页。

4）GitHub Trending 支持针对不同语言进行过滤，其中 Dart 语言包含 Flutter 相关资源。修改 GitHub Trending 页 url 指向 Dart 语言，这样能够每天接收到 Flutter 社区最新动态。

5）本项目是通过 WebView 对项目、用户首页进行展示，其实可以通过 GitHub API 获取到 JSON 数据进行原生展示，并且 GitHub API 提供了 Star、Follow 等操作的能力。因此可以逐步替换掉 WebView 实现一个功能更加强大、原生体验的 GitHub 客户端。感兴趣的读者可以深入挖掘。

6）限于篇幅，技术头条项目省去了状态层，没有使用状态管理器，而是将状态直接存储在页面中。在实际开发中，一些中小型项目也可以采用这种方式省去状态层。但对于大型商业项目来说，状态层是不可或缺的，当状态变复杂后，必须要有一个集中式的状态管理器。读者可沿用第 7 章中的架构方式，将页面中存储的状态抽象到独立的状态层中，在状态层中进行网络请求，而页面层仅与状态层进行互动。

经过前面章节的开发实战，相信读者朋友们已经入门 Flutter 开发技术，并具备了一定的开发水平，希望本书能够对大家的学习与工作有所帮助。

正如电影末尾都有"彩蛋"，本书也有一个"彩蛋"章节即"跨平台开发——将 Flutter 应用扩展到更多平台"。2021 年 Flutter 正式推出了 2.0 版本，其中 Web 平台正式对外发布，桌面支持也逐步走向成熟。在这一章中，将向读者们展示，如何将书中的项目不修改一行代码运行到 Web、Windows、macOS 上。对于 Flutter 学习者来说，不仅学会了移动跨端开发技术，同时也具备了跨多种平台的开发能力，从学习的投入回报来说是非常高的。扫描二维码，一起来尝鲜吧！